生活家居用品创意设计

马宁 编著

东南大学出版社
SOUTHEAST UNIVERSITY PRESS
·南京·

图书在版编目(CIP)数据

生活家居用品创意设计 / 马宁编著. —南京:东
南大学出版社,2014. 3(2022.7重印)
(分类产品造型创意开发设计丛书)
ISBN 978 - 7 - 5641 - 4760 - 0

Ⅰ.①生… Ⅱ.①马… Ⅲ.①日用品—设计
Ⅳ.①TB472

中国版本图书馆 CIP 数据核字(2014)第 033311 号

生活家居用品创意设计

出版发行	东南大学出版社	
出 版 人	江建中	
社　　址	南京市四牌楼 2 号	
邮　　编	210096	
经　　销	全国各地新华书店	
印　　刷	南京顺和印刷有限责任公司	
开　　本	787 mm×1092 mm　1/16	
印　　张	9.75	
字　　数	250 千字	
书　　号	ISBN 978 - 7 - 5641 - 4760 - 0	
版　　次	2014 年 3 月第 1 版	
印　　次	2022 年 7 月第 6 次印刷	
印　　数	7001～8000 册	
定　　价	50.00 元	

（本社图书若有印装质量问题,请直接与营销部联系,电话:025 - 83791830）

前　言

生活家居用品领域相当广泛,包括家具、床上用品、室内配饰及日常生活需要的商品,统称为家居用品。生活家居用品创意设计涉及设计学、消费心理学、材料学、认知心理学、产品语义学等多个学科和领域的知识。

本书将注重实用性和学术性,对生活家居用品的起源与发展、范围界定进行分析,同时介绍生活家居用品的发展现状、发展趋势和影响生活家居装饰用品开发设计的诸多因素。本书将系统地介绍生活家居用品的开发设计方法和生活家居用品行业常用的材料、制作工艺、构造等技术性知识。本书图文并茂并结合优秀设计实例进行对比分析,为从业者提供一定的智力支持和实践指导。

本书为生活家居用品企业从业者、创业者、大中专学生提供切实可行的智力支持,针对日趋庞大的专业设计、管理人员也兼顾大众消费者,既可以作为学术著作又可以作为大中专院校的专业教材使用。

由于编者的知识和掌握的资料有限,书中的内容难免会存在缺陷,希望得到专家和读者的批评指正。

编者

2014.2

目 录

第一章 家居用品设计概述

一、家居用品概述

（一）家居用品的定义

家是构成社会的最小细胞,是人们居住的地方,是温暖的安乐窝,是亲情的储存屋,是身心放松的乐园,是幸福和欢乐的发源地。因此,在家居生活日益数字化、网络化的同时,势必要增加家居用品的亲和力,让家居用品散发着浓浓的、令人舒适的生活气息,让整个家都充满温暖舒适的味道,从而让人们卸下紧张的包袱,放松心情,幸福地生活(图1-1)。

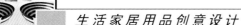

图 1-1　胡子马克杯

以系统论的观点来看,家居用品与家居建筑、家居结构、家居设备、家居电气等都是家居系统中的组成要素,并承担各自的功能,在家居生活中相互作用和影响,共同构成家居系统的整体。家居用品是普通人日常使用的物品,是生活必需品(图1-2)。

图 1-2　alessi 公司设计的杯子

家居用品泛指家具、床上用品、厨卫用具、室内配饰及日常生活需要的商品,统称为家居用品。更深层面的家居用品是指为满足人类日常居家生活中使用、审美、愉悦的需要,并针对一定使用空间区域,被生产或开发出来以供销售、购买的物品的总和。发展到现在,家居用品的范围渐渐扩大到由各种材料制造的用于满足家居日常生活中不同功能的产品。

(二)家居用品的起源与发展

人类的生活先于文字的出现,据研究,人们在原始社会就已经开始使用家居用品。18世纪,考古学家在非洲的原始部落发现了大量的家居用品,也证实了这一猜测。

随着人类社会的发展,进入奴隶社会阶段后,奴隶主为了追求物质生活,雇佣了大量的奴隶为其筑造建筑物及各种生活器具,家居用品在这一阶段得到了很大的发展。据考古人员证实,古埃及时期就已经形成了较为完整的家居体系。根据考古发现的资料证明:我们的祖先在我们的国土上生活了不少于 100 万年。而这其中,原始社会占据了百分之九十九以上的时间。在这漫长的岁月里,石器是人们最主要的生产工具,因此根据鱼刺和兽角等形状制成的石器工具成为原始社会最早和最主要的家居设计内容(图 1-3)。

图 1-3 石器时代中仿照鱼刺、兽角、兽骨制作的家居用品

1. 国内家居用品的起源与发展

在古代,中国的家居用品一度走在世界前列,但随着近现代中国社会发展的落后,家居用品的发展也走向了衰败。近代中国的家居用品仿生设计一方面需要注重对传统文化的继承,同时受欧美文化的冲击,也要学习国外的先进理念。

(1)陶器——国内仿生家居用品设计的开端

到了新石器时代,除了石器家居用品外,另一个重要的家居领域就是陶器设计。陶器是"火为精灵土为胎"的产物,是人类与自然斗争中获得的划时代的创作,标志着人类设计由原始设计阶段进入了手工设计阶段,从而揭开了中国仿生设计史上崭新的一页。

作为日用器皿的陶器,首先是为满足人们的生活需要而设计制造的;其次,设计师也考虑到陶器造型设计的别具一格,例如作为炊煮器的陶鬶是由陶鼎演变而来的,它以三条肥大中空的款足代替了鼎的实心足,扩大了用火加温时受热的面积;容器颈部高拔,口前部有冲天鸟喙状长流,宛如一只昂首挺胸的大鸟,形态别致,体现了设计师的实用与美观结合的造型设计思想(图 1-4)。

图1-4　具有仿生造型的陶鬶

　　这一时期的家居用品原型主要是日常生活中常见的动植物以及自然界中的风雷雨电等元素,这主要取决于当时社会人们的知识、文化及信仰,而手法则主要是模仿原型的形态特征及纹样特征。

图1-5　商周时期的仿生青铜器皿

　　（2）青铜器——家居用品的抽象化的起源阶段

　　随着历史的发展以及人们生活方式的改变,中国进入了青铜器时代,与之同时,中国的家居也开始由具象向抽象转变。这一时期的家居用品造型庄严浑朴,用以装饰的图案和纹样同样沉稳庄重,常用的纹样有饕餮纹、夔纹、兽面纹或蝉纹。我国古代青铜器的铸造工艺复杂而独特,其形式通常以容器表面雕刻的花纹来表现。且这些花纹通常以线条形式来描绘,同时存在一些生物特征的元素如眼、口、鼻、爪等(图1-5)。

　　（3）漆器——家居用品的纹样趋势

　　与战国时期的家居用品相比,秦汉三国

时期的家居设计更注重实用性,礼教涵义相对较弱。漆木家居用品在这一时期达到了鼎盛时期,不仅数量多,种类齐全,而且在装饰工艺方面也取得了长足的发展。漆器的种类很多,有耳杯、盘、壶、盒、盆、勺、枕、奁、屏风等。

出土的西汉漆器,特别是马王堆的器物,大多色彩鲜艳,光泽照人,精致美观,特别是漆器上的彩绘,技巧更高,画法潇洒生动,奔放有力,线条干净流利。但在仿生方面没有实质性的进展。总结现存的记载及文物可看出,秦汉时期的家居用品以彩绘纹样为模式。常见的纹样有:写实的鱼、鹿、虎、牛、鸟等,变形的如波纹、兽纹、蟠螭纹、花叶纹、龙凤纹、饕餮纹、卷草纹、云气纹等。魏晋南北朝时期,士大夫和贵族们率先改变了人们长期以来跪坐的习俗,这促进了家具由低向高的发展趋势,其他家居用品的结构和造型也随之改变。这个时期的家居用品彩绘纹样除了以前的纹样以外,还出现了飞天、火焰纹、狮子、卷草纹、莲花和金翅鸟等一些佛教常用的装饰纹样(图1-6)。

图1-6 西汉时期的仿生漆器

(4)瓷器——国内家居用品的成熟阶段

隋唐五代时期的家居用品主要以瓷器为主,尤其是唐朝时期的唐三彩更是令中国历史进入了瓷器时代。出土的唐三彩有人物、动物和器皿,其中动物最多,其仿生工艺手法主要是对动物形体的模仿。形体饱满、圆润,与唐代崇尚的阔硕、丰满、健美相一致。隋唐时期的金银器具的工艺手法也以模仿动植物形体居多(图1-7,图1-8)。

图 1-7　唐三彩中的动物瓷器

图 1-8　隋唐时期的银器

与唐代家居用品的繁琐装饰相比，五代时期的家居用品倾向于简洁、朴实、素雅、大方。这个时期的工艺手法以雕花为主。纹样包括：动物纹，其中鸟兽纹、龙凤纹等继续流行并更加丰富；植物纹，包括莲花纹、梅花纹和牡丹纹等，同时也留存了宝相花纹、缨络纹、卷草纹、火焰纹等一些与佛教有关的纹饰(图 1-9)。

图 1-9　五代时期的瓷器

宋代是中国家居设计史上承前启后的重要发展时期。宋代时期人们崇尚秩序和法度，追求规范而工整的美感。宋代家居在装饰上以素雅的风格为主，结构形态以简约的形式为主，其设计思想并不明显。这一时期的仿生装饰纹样主要有：鸟兽纹、龙凤纹、莲花纹、牡丹纹以及竹、松、梅、桃等。可以发现宋代诗人由于对自身修养的追求，出现了竹、松、梅等比喻人们高尚品格的花纹。宋代是中国家居用品仿生学由具象向抽象转变的开端(图 1-10)。

图 1-10　宋汝瓷莲花碗

（5）家具——国内传统家居的顶峰

元朝是中国历史上第一个由少数民族蒙古族建立的王朝。蒙古族内在的性格及其美学观点在家居用品上体现为容量大，雕刻的图案丰富、生动、形象。他们常用厚料做成高浮雕动物花卉嵌于框架之中，给人以力度美和凹凸起伏的动感，这也是这一时期家居仿生用品的一大特点。

明代家居用品在中国历史上具有非常独特的地位，尤以家具最为突出。这一时期的家具用料考究、做工精湛、结构严谨、造型典雅隽秀、线条简洁流畅、尺寸比例科学合理，形成了举世闻名的"明式家具"风格。明式家具的仿生设计手法较为丰富，根据仿生部位的不同，分为：①家具主体部分的仿生，通常为抽象仿生，用简洁流畅的线条模仿生物的神韵。如最有名的四出头官帽椅，就是由于搭脑的形象与明代的官帽相似而得名，这种仿生手法与近现代国外家具中的抽象仿生手法非常接近，类似的还有马蹄腿等。②家具结构装饰部位的仿生，通常采用整体仿生，以机构件的整体形态模仿对象的形式。这种仿生形式往往不仅起到装饰的作用，同时还兼顾了功能特性，对现代家居用品仿生设计有很高的借鉴意义。③纯粹的装饰性仿生，主要体现为家具中的一些透雕、浮雕或圆雕装饰图案。明代家具雕饰纹样中的生物题材主要包括蟠虎、夔龙、凤纹、牡丹、番莲等（图1-11）。

图1-11 雕有植物纹样的明式家具

清代初期的家居用品承袭了明代家居的特征。雍正、乾隆之后，在继承明代传统家居的基础上，又融入了西洋家居用品的形式，从而形成了自己的风格，即所谓的"清式家具"。清式家具选用优质硬木为原材料，造型富丽、凝重、流畅。其中以太师椅最能体现清式家具的造型特点，气势恢弘、体态宽大、变化繁多。在追求雕镂粉饰和富丽堂皇达到顶点之后，清代晚期家居用品艺术开始走向衰败。对比明式家具和清式家具，明式简洁素雅，以造型见长；清式华丽雕镂，以装饰见长。清代家居用品由于注重装饰，很多时候远远超出了功能的范畴。清式家居用品虽然仿生实例很多，但大都是附加上去的，缺少明式家居结构与功能密切结合的特点。单从这一点来说，清式家居用品是家居设计在历史上的倒退（图1-12、图1-13）。

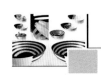

图1-12　清代鹿角扶手椅

图1-13　带有繁琐雕花的清式家居用品

综上所述,国内传统的家居用品在工艺手法上主要是在造型上和装饰图案上对动植物及自然界中的其他形态的模仿,形态虽然有各种变化,但手法却很单一,没有较大的创新突破。

（6）现代材料的设计——现代化的科技设计

清代以前,中国闭关锁国的政策导致其家居发展很少有外来文化的融入,家居风格较为单一。鸦片战争爆发之后,中国受到西方民族的侵略,但随之西方文化进入中国,大批洋式家居用品涌入中国,为中国家居用品提供了新的素材,从而出现了中西合璧的设计形态。中华人民共和国成立之初,我国具有民族风格的家居用品始终以仿古为主。"文革"期间,国内古典家居用品遭受了灭顶之灾,成为禁物不得使用。改革开放以后,由于受"文革"时期的影响,人们不再偏爱中国传统的古典家居用品,取而代之的有不锈钢制品、塑料制品、玻璃制品

以及人造板材为主要材料的组合家具等。很长一段时间里,家居用品设计以单纯的模仿西方现代家居用品,或少量的中国古典家居用品的装饰,结合中西文化的优秀作品并不多(图1-14)。

图1-14 中国现代家居用品中的仿生鱼缸

20世纪90年代,随着人们生活水平的不断提高,我国家居用品业也得到了迅猛发展。但设计思路基本还停留在单纯模仿国外现代家居用品的水平。在此状态下,一些睿智人士开始呼吁设计师应设计具有中国特色的现代化家居用品。一些家居用品设计师尝试以中国传统思想为指导,用现代家居用品设计的手法来创作具有中国特色的现代家居用品。纵观中国家居用品设计的发展,其最早以平面的装饰纹理来表现,随着金属铸造技术的改进,出现了圆雕形式的仿生造型。春秋战国时期漆木家居用品的发展类似于国外古典家居用品的仿生时期,明式家具不仅简化了家具的构造,并引入了抽象仿生概念,类似于国外的新艺术运动。随着人类社会的发展,现代风格的家居用品已是人们迫切需要的,而这个重任需要我们来完成。

2. 国外家居用品的发展

受政治因素的影响;中国古典家居用品风格在发展过程中始终以当时的文化为中心,因此家居用品风格较为单一。而国外古典家居用品的风格则较为丰富多彩,呈现出百家争鸣的景象。之所以有这么大的差别,这与中西方对待传统和创新的观点有着重要的关系。中国信守儒家思想,主张恪守祖制;西方则主张人文精神,不断创新。

(1)古文明的家居用品——对自然的直接模仿

人类文明初期,出于对未知大自然的崇拜,东西方家居用品的装饰中都蕴含着大自然的无限魅力,呈现出一幅充满灵性、栩栩如生的动植物交织成的极富情感和幻想的神话世界。

古埃及人受"万物有灵论"宗教思想的支配,用彩绘和雕刻相结合的方法在家居用品上真实地再现了尼罗河畔的各种动、植物形象。由于不同的动植物形象有着不同的象征意义,因此不同的装饰也象征着不同的权力,如装饰着野兽的头和爪的古埃及图坦卡蒙王座就是一个典型的代表。古埃及家具几乎都带有兽形的腿,而且前后腿的方向一致。古埃及时期的家居用品为家居业的发展奠定了坚实的基础(图1-15)。

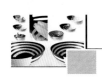

图 1 - 15　古埃及葬礼用的石桌

在古西亚两河流域,巴比伦和亚述的家居装饰也以模仿自然形态为主,同时具有一定的象征意义。这一时期的纹样主要有狮头、人物、牧羊和牧牛的头部,以及家具腿部的倒松塔形。希腊是西方文明的发源地,其家居用品设计对后世也产生了深远的影响。希腊家居用品多为长方形结构,希腊柱式的造型也常应用其中;在装饰方面以忍冬花饰和螺纹柱饰作为一种特定的语言艺术广泛存在于家居用品中。古罗马家居用品在造型和装饰上以其民族特色为主导地位,同时受到了希腊文化的影响,其造型坚实厚重,并配以雄狮、战马、胜利花环等装饰,构成了独特的男性化艺术风格。东罗马帝国由于地理位置的缘故,受到了东西方文化的交融影响。其家居用品在继承希腊风格的同时,又融合了东方艺术形式。东罗马帝国的仿生家居用品设计主要体现为花冠藤蔓之间夹杂着一些动物形象(如狮、鸽子、象、羊等)、圣徒、天使等。

（2）哥特式家居——设计中的宗教力量

12 世纪初,哥特式艺术在法国北部兴起,在不到半个世纪的时间里风靡了整个欧洲大陆。哥特式风格以其垂直向上的动势形象地表现了一切朝向上帝的宗教精神。在家居用品中表现为高尖塔或尖拱的形象,并着意强调垂直向上的线条。这一类家居风格用品中的仿生纹样几乎都有基督教的寓意,例如"五叶饰"寓意五使徒书,"四叶饰"象征四部福音,"三叶饰"代表圣父、圣子、圣灵三位一体,百合花是圣洁的象征,鸽子代表圣灵,橡树叶则是表明神的强大和永恒的力量等(图 1 - 16)。

（3）文艺复兴时期的仿生家居——仿生设计的繁荣期

在 14 至 16 世纪,欧洲许多国家先后掀起了文艺复兴运动。在这场前后延续两百多年的运动中,

图 1 - 16　具有独特仿生手法的哥特式家居用品

文艺上出现了前所未有的繁荣,对后来的欧洲文化艺术及社会生活的各个方面都产生了巨大影响。这场运动主张人本思想,否定神权主义及其附带的禁欲主义、来世主义,追求个性化、理性化和人全面发展的生活理想。

文艺复兴时期人们冲破中世纪冷漠、刻板的设计风格,转而追求优美的、有人情味的风格,并试图从古希腊和罗马的设计中吸取精华,推出了大量新的、对后来工业时代的设计产生重大影响的优秀设计。这一时期以达·芬奇为首的艺术家和设计师们从动植物的内部结构和功能出发,设计出了许多对现代仿生学具有启示意义的作品(图1-17)。

图1-17 文艺复兴时期达·芬奇根据蝴蝶设计的飞行器

(4)巴洛克与洛可可风格家居用品

17世纪文艺复兴运动衰落,欧洲的家居设计进入了一个全新的时期,历史上称其为"浪漫时期"。该时期的家居设计风格主要有巴洛克式和洛可可式,这两种风格的流行地点和时间都有所不同。早期巴洛克家具最显著的特征是用扭曲的腿部形状取代旋木或方木的腿部形状,或是对腿部进行复杂的涡卷形处理。其在形式上追求动感,给人以家具各部分都处于运动中的错觉,打破了历史上家具的稳重感。这无疑是现代家居用品设计的直接源头。如果把充满阳刚之气、热情奔放和坚实稳定的巴洛克风格看做一种极端男性化的风格。那么洛可可式风格则是女性化的风格,其最主要的特征是不对称性。洛可可式风格的家居用品以动植物为主要装饰,叶子和花朵交错穿插于贝壳和岩石之中,外轮廓为不规则的形式,相对的匀称弥补了不对称在视觉上给人带来的不稳定感(图1-18、图1-19)。

图1-18 巴洛克风格的家居装饰

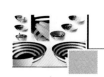

图 1-19 洛可可风格的家居用品

总体来说,文艺复兴时期仿古家居中曲线的广泛应用,打破了哥特式家居的直线传统,为现代家居用品设计奠定了基础。巴洛克式男性化的动感风格、洛可可式不对称的女性化的纤细轻巧造型均具有强烈的人格化魅力,为现代家居用品中的抽象仿生设计开一先河。

(5)新艺术运动中的设计——现代家居设计的开端

18世纪对欧洲甚至全球来说都是一个富有魅力的转折期,发生在这一时期的新艺术运动更是被视为现代仿生家居用品设计的开端。折中主义和自然主义的拥护者是职责自然主义者,他们是自然的模仿者、自然的奴隶,他们崇拜旺盛而热烈的自然活力,并且认为这种活力是难以用复制其表面形式来传达的。这使他们被束缚于细枝末节之中,不能综合、提炼,以更富有想象力和更为自由的方式来表现自我。新艺术运动则摒弃所谓的折中主义和自然主义,追求神似而非简单的形似,从他们的这种思想可以很明显地看到现代仿生设计的影子(图1-20)。新艺术在设计风格上包括两种互不关联的形式:一种是交错的横向和竖向直线,一种是相互缠绕的动态的有组织的曲线。尤其是曲线的运用,仿佛从大自然的风、雨、小溪中抽象出来的蜿蜒流动的线条,表达着运动的节奏,充满了内在活力,体现了孕育在生命中的无休止的创作过程。家居用品中的这些元素、纹样是自然生命的隐

图 1-20 新艺术运动中的家居用品设计

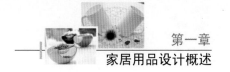

喻和象征。但其仍是以装饰为重点的个人浪漫主义的艺术设计，缺少功能性和实用性，因此不能称之为现代家居用品的杰作。

（6）流线型风格家居

19世纪自然科学的迅猛发展导致了流线型风格在设计中的大量应用。其中流线型风格多用于表示速度感的汽车领域，同时家居用品设计领域也受其波及。流线型风格起源于19世纪生物学家对自然生物如虫、鸟、鱼等生命、形态效能的研究，因此流线型风格自诞生之日起就和仿生设计有着千丝万缕的关联，以至于今日设计师们还将产品造型中是否存在流线型风格作为评价产品是否为仿生设计的标准之一。但是流线型风格由于纯粹追求形式而受到其他设计风格的质疑，因此在很短时间内就销声匿迹。

（7）北欧家居的情趣化发展

真正现代意义的家居设计风格当数斯堪的纳维亚风格，其起源于北欧五国：瑞典、挪威、丹麦、芬兰和冰岛。北欧五国的家居设计风格有着很明显的共性：充分利用北欧的地域资源，将材料的自然特性发挥到最大程度；注重从传统中汲取养料并能不断创新；造型与功能紧密结合；注重人机工程学的运用及研究等。北欧家居用品表现出"对天然材料的偏爱，对形式和装饰的节制，对形式和功能的统一，对传统价值的尊重和对手工艺品质的推崇"。

北欧五国在现代仿生家居设计领域诞生出许多经典之作，如丹麦著名家具设计师雅各布森的蛋椅、蚁椅，保罗·汉宁森的PH吊灯，芬兰家居设计师阿尔瓦·阿尔托的家具及玻璃制品等（图1-21、图1-22）。

图1-21　保罗·汉宁森的PH吊灯

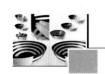

图1－22　芬兰家居设计师阿尔瓦·阿尔托的家具

我们从中外仿生家居用品的发展脉络来看,近现代家居用品的设计手法已远远超出传统设计手法中简单的形态及图案等,在仿生运用于家居用品的目的上也更高一筹,已不单单是为了美观的需求,而更多考虑的是仿生家居用品给人带来的心理的愉悦感与人机工程学上的合理性。

二、家居用品范围界定

家居用品首先是一个集合名称,其中包含的产品种类繁多,在已有可查的文献资料中,并没有家居用品具体概念的明确阐述,也没有相关的明确分类。其次随着社会的进步和人们生活方式的不断变化,家居用品的范围也在不断地变化,这些都导致在界定上的复杂性。随着社会生活的日趋丰富,家居用品的功能及分类也日趋细化。由古至今,家居用品的功能及分类也发生了很大的变化。

本书所提到的家居用品根据不同的目的,有多种分类方法。

(一) 按家居用品使用空间分类

按家居用品使用空间分类泛指日常生活中最常见的生活用品,包括厨房用品、卫浴用品、生活家居用品等,并具有结构相对简单、功能单一、无高科技应用的特点。

1. 厨房用品

随着人类审美要求的进一步提升,一部分家居产品涌现出了一些重人性关怀且富有趣味的产品。它们丰富了人们的视野及精神生活。一些生活物件特别是本身就有实用功能的器具成为厨卫家居中美感陈设的要素。不久以前人们还在设法掩盖屋子里一些有碍观瞻的东西,如今则是满柜满架的杯盘碗碟、挂得琳琅满目的锅瓢铲勺、装满各种食品调味或工具和零件的透明罐子,它们真实地呈现了主人生活的内容和形貌。如阿莱西公司的一些家居

厨房用品等。虽然功能单一,但生动、感人。这一类产品体积小,成本低。同时,功能的细分化使产品不断地推陈出新,相比其他类产品而言则相对容易出效果(图1-23、图1-24)。

图1-23 阿莱西公司设计的餐具　　　　**图1-24 阿莱西公司设计的调味瓶**

　　2. 卫浴用品

　　这一类的产品小到盥洗用的洗漱用具、清洁用的马桶刷、装在墙壁上的挂件、擦脸用的毛巾、铺在脚下的卫浴专用地垫,大到收纳卫浴用品的浴室家具都属于卫浴产品的范畴。随着社会文明的进步,消费者的消费观念悄然发生了变化,传统单调的卫浴用品已经很难引起消费者的关注,卫浴用品单纯的使用价值已经远远不能满足要求,这个时候产品使用性和审美性的结合无疑成为了一种必然。人们通过卫浴空间消除疲劳的同时,追求卫浴生活的精神享受将使生活品质进一步得到提升,而卫浴产品作为与人们精神相通的载体,被赋予了不一样的美学要求,体现出人们的人文内涵和生活态度。

　　而卫浴用品中隐喻的运用无疑能增加产品的情趣。如德国著名的龙头品牌推出了一款创造性地安装在浴室天花板上的花洒,水流如轻盈的瀑布般自上倾下,既诗意又舒适。科勒的流溢式水疗浴缸的设计,与前者在概念上有相似之处,它同样是将水流安排在天花板上落下,如汩汩流下的泉水,令人体会一种在山间沐浴的悠闲、放松之意。这也是它被称为"水疗浴缸"的原因。这两个卫浴用品的设计便是运用了隐喻的手法,通过使用者的想象和联想发挥作用。

　　不管是和谐自然、环保的卫浴空间,还是个性化产品的应用,都代表了卫浴行业以极致的人文关怀精神和充满人性化关怀的产品充分满足了消费者的生理和心理双重需求,它充分展现了"人文卫浴"精神,是一种对人性的关怀(图1-25、图1-26)。

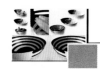

图 1 - 25　阿莱西公司设计的卫浴用品

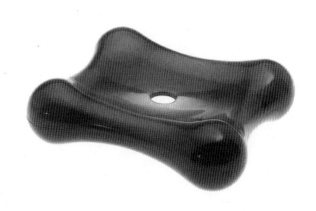

图 1 - 26　阿莱西公司设计的卫浴用品

3. 生活家居用品

所有的家居用品包括杯、盘、烟缸、衣架、挂钩、储物用品、花瓶等,都属于生活家居用品一类,它们在人们的生活中起着不可忽视的作用。设计师在设计这类产品的过程中,可以利用隐喻的技巧,将使用者经常使用或熟悉的形态运用到设计中,将产品的主要特征与产品本身相关的文化、情境、内涵等产生视觉上的联结,而使用者也可由视觉形态去发觉、诠释产品所蕴含的信息(图 1 - 27、图 1 - 28)。

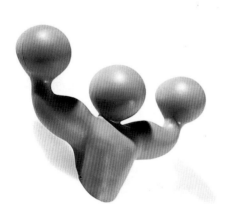

图 1 - 27　阿莱西公司设计的生活家居用品

图 1 - 28　阿莱西公司设计的生活家居用品

(二) 按家居用品使用类别分类

表 1 - 1 为按使用类别分类的家居用品。

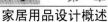

表 1－1　常见家居用品分类

家居产品类别	子类别	说明	图例
照明类	吸顶灯、壁灯、吊灯、射灯、筒灯、台灯等	照明类灯具在室内家居中是一种照明兼装饰的产品,好的灯具在室内装饰中往往能起到画龙点睛的作用	
柜、架类	衣柜、床头柜、书柜、食品柜、电视柜、博古架、衣箱、书架、花架、屏风等	柜、架类用品往往是家居中的主体,具有占用空间大、储物多的特点	
桌、几类	餐桌、书桌、梳妆桌、茶几、折桌、电脑桌等	桌、几类用品是家居中必不可少的,其规格要求较严格,要与人体尺寸相符,符合人体工程学	
坐具类	沙发、扶手椅、转椅、凳子等	坐具是专供人们休息用的家居用品,其材料、质地、制作工艺、尺寸等等对人体缓解疲劳有很大影响	

生活家居用品创意设计

家居产品类别	子类别	说明	图例
卧具类	单人床、双人床、双层床、童床、折叠床、床垫等	卧具同坐具类似，是专供人们休息而用，对材料、质地、加工工艺等要求较高	
餐具类	碗、碟、杯、筷子、盆、餐刀等	餐具常见的材料为陶瓷、玻璃与不锈钢，辅助人们饮食用	
厨具类	灶具、烤箱、吸油烟机、水龙头、水槽、锅等	厨具是提供更加合理饮食而用的家居产品，好的厨具应满足卫生、安全、方便、美观等要求	
装饰类	花瓶、陶瓷、壁画、摆饰、钟表等	装饰类产品不同于其他功能类产品，其用途主要是供人欣赏，美化家居空间，创造一定氛围	

三、家居用品发展的现状及存在的问题分析

（一）国内家居用品发展的现状

家居用品作为一种产品，在具有产品基本属性的同时，还受到功能、结构、材料和工艺等因素的影响。而且，由于家居用品和每一个人日常生活的关系非常紧密，需要设计师将更多的人文关怀带到人们的日常生活中。比如，一件普通的卫生间清洁用品，也不能仅仅将它定位成是满足清洁功能，需要花费一定的时间和精力去了解、分析卫生间清洁用品的用户，以及使用场所——卫生间的气氛等相关因素。所以，现在很多设计师在家居用品的设计中增加、融合了诸多人文、情感、环境因素。只有在基本的使用功能和附加精神功能都得到了很好的体现，才能算得上是一件精彩的卫生间清洁用品。相对其他的产品而言，生活日用品根据其特点归纳起来主要表现在功能属性、情趣属性和文化属性三个方面。

我国在20世纪90年代之前的很长一段时间都是实行住房分配政策，人们基本都是住在单位分配的住房里。改革开放之后，市场经济逐步取代计划经济。商品房渐渐成为了现在人们住房的主要选择。很多新型的住宅开始出现，如老年公寓、单身公寓。同时，国内家居用品的企业也越来越多，每年在上海日用品博览会上都会有很多优秀的家居用品参加展示，推向市场。而这些产品存在着不同程度的同质化现象。

目前，国内家居用品市场面临着人们对家居用品需求稳定和国外的家居用品品牌进入的挑战，但是，这也为国内品牌更新换代，对自身产品和品牌价值进行提升创造了机遇。

首先，消费者需求方面的挑战。这主要是家居用品在人们生活中的地位有限，家居用品不可能像一些其他的主流产品那样具有强劲的发展潮流，也不太可能会有阶段性增长高峰出现。所以，虽然一些高档产品的社会需求增长比较快，但一般家居用品市场的容量依旧是呈现出稳定、温和的增长态势，因此，从事设计、生产和销售家居用品的企业需要有一定的耐心。

其次，家居用品还面临来自行业内部的竞争和挑战。国内家居产品面临着国外产品和国外经营者（特别是欧美国家以及日本的家居用品生产、销售企业、高档百货店、大型超市）进入中国家居产品市场带来的挑战。

再次，国内家居产品市场所面临的另一挑战是国内的设计水平相对于国外发达国家来说还是较弱的，生产专业化程度相对较低，生产工艺等方面还有待提高。虽然，我国某些家居用品的造型与国外产品差距并不明显，但原创型产品较少，产品的配色、分类等也较少，产品设计中的"山寨"现象较为常见，这也是阻碍我国家居用品提升档次的一个主要原因。由于大多数企业都没有商品化、标准化的原材料供应商和辅助材料供应商，因此，我国家居产品生产的专业化程度相对较低，造成产品最终的质量难以保持稳定和提高。同时落后的生产加工手段还存在碳排放量高、资源浪费等一些相关问题。家居用品行业所面临的另一项紧迫的挑战是销售渠道的限制或潜在的制约。一方面，家居用品行业各种卖场正在不断增加，家居用品流通渠道的竞争日渐激烈；另一方面，由于卖场直接从生产企业进货的趋势形

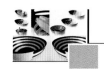

成,以及将营销成本更多地转嫁给上游生产企业和专业批发企业,因而生产企业和专业批发企业进入卖场的难度增加。

最后,国内家居用品还面临着来自宏观环境的挑战。上游价格调整必然给下游产业带来压力。因为我国是一个人均资源非常紧缺的国家,水、电、气、油、运输等生产成本势必会随着人口增长、资源短缺而逐渐上涨,家居用品企业是下游产业,势必会受到上游成本增长的影响。这对目前主要依靠价格手段来竞争的微利家居用品生产企业来说是一个重大影响。

随着竞争的激烈和市场的逐步扩大和开放,随着人们生活水平的不断提高,加上在这个信息时代,人们对于信息的了解更加全面迅速,同时,各种宣传媒体和交易平台也越来越多,这也为国内家居用品的发展提供了很多机遇。

首先,家居用品的需求稳定增长。城市市场品质提升、农村市场需求量增加使人们有更大的空间、住房改善和生活品质的追求,都是家居业发展和创新的有利条件。居民居住条件继续得到改善。随着目前房地产市场的升温,政府还将加大房地产价格的调控,抑制房价的快速上涨,同时,大力推进保障房和经济适用房等,保护和鼓励改善住房,尤其是中低收入家庭的住房,这些措施对于家居用品市场的发展都是利好消息。

其次,家居用品的细分市场还有待开发。随着人性化思想的深入人心,针对不同用户的细分市场的产品也开始逐渐出现,例如:针对儿童的一些家居用品,突出强调了对儿童的保护作用,同时还对于儿童具有亲和力,容易被儿童所接受。

最后,家居用品在品牌创建和推广方面还有较大空间。当前国内家居用品的品牌消费意识还相对较弱,同时还缺乏一些垄断性的家居品牌,这也为国内企业在品牌建设和发展上留下很大余地。品牌消费是消费水平提高、消费结构提升的一个必然结果。未来家居产品各个品牌发展的风格会越来越鲜明,这对家居生产经营企业来说是很重要的。因为现在一定要找出和培养本企业设计师及其忠实的消费群体,才可以区别于其他的家居业者,消费者对品牌鲜明度越来越清楚,他们对这个品牌的认同度也会越来越深入,最终他们会把对于这个品牌的认同度靠口碑或是作为经验分享给他身边的人,这是最有效的传播。在家居用品领域创建品牌的一个最有效的途径是将整体家居经营理念引入家居产业。整体家居集家居配套产品制造商、经销商、代理商为一体,把专业化的服务资源整合为更实用、更科学、更人性化、更能满足大众需求的服务。

(二)国外家居用品发展的现状

国外家居用品最突出、最具有优势的就是有着明确、先进的设计理念。由于对市场开发较早,同时设计行业比较繁荣、成熟,很多设计公司和家居用品公司针对市场的品牌建设也比较成熟。在国外的单身公寓家居用品市场,一些充满设计感和趣味性的产品很受欢迎。因此,这里我们就以几家国外著名的家居用品公司——宜家(IKEA)和无印良品(MUJI)等为例来介绍国外家居用品的现状。

1. 梦想工厂阿莱西

1921年成立的阿莱西公司的设计影响力毋庸置疑。阿莱西公司改变了我们设计家居用品的方式,生产基本实用的产品给家庭带来全新的、有意思的愉悦体验,很多经典设计都进入了设计教科书,也是后现代主义以来的意大利设计的代表,这个总部位于米兰附近的企业生产的产品充满着活泼、童趣、现代感和强烈色彩,带来的是具有人文关怀的、富有人情味的、有意思的产品。

产品是有情景基础的,当你使用某样产品时,都有可能会唤起你内心的某一种情感,成为朋友们回忆或者谈话的对象。开瓶器诞生以来最有意义的产品,非"安娜"莫属,以前我们开瓶都是一个简单的撬的动作,而安娜开瓶器转变为全新的体验,同时它的造型优美,开瓶的过程也很舒适,畅销世界各地,同时也让阿莱西这个名字享誉设计界,很多人买来欣赏和珍藏(图1-29)。

图1-29 安娜开瓶器

2. 宜家(IKEA)

宜家家居(IKEA)来源于北欧瑞典,我们知道北欧的家具设计是走在世界前沿的,他们设计的有机形态的家居产品,富有人情味,宜家就是其中的代表。"为大多数人创造更加美好的日常生活"是宜家公司自创立以来一直努力的方向。宜家商业理念是提供各种各样实用性强且漂亮大方、老百姓买得起的家居用品。一般认为,设计精良的家居用品是有钱人所独享的,而宜家走的就是另一条道路。我们决定站在大众的一边。满足普通大众对家居用品的需要,并提高他们的生活质量,改善他们的日常需要。生产精美昂贵的家具并不难,有钱就行了。但是以低价格生产漂亮、大方、耐用的家具就很有挑战性了——这需要与众不同的方式。宜家就做到了,同时宜家还采用了模块化包装来降低成本。宜家的最大特征就是用"平整包装",让顾客DIY,因此得以压低商品的价格,更吸引消费者。像宜家的布

图1-30 布洛米花瓶

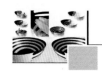

洛米花瓶由人工吹制而成,每个花瓶的形状都是由工匠亲自打造,每一个都是独一无二的(图1-30)。

3. 无印良品(MUJI)

无印良品(MUJI)始于1980年,诞生于志在开发创意商品的西友公司。它的本意是指"没有商标与优质",无印良品(MUJI)倡导的是一种简约、自然、质朴、节制的生活方式,设计的落脚点更侧重于社会,在设计过程中产生的那种人类能够共同感受到的价值观和精神,以及由此引发的感动,这是设计最有魅力的地方。力求用最自然的形态体现产品的本质,来给使用者一种最适宜的满足感,而这种满足感就是无印良品(MUJI)设计想要达到的最终结果。

无印良品(MUJI)的制胜之处在于,在保持这种常态的情况下,创造出耐人寻味的产品风格,即蕴含于低调、节制、简约中的品质感和文化意味。正是坚持了这种对于自身设计理念的执著,从而让无印良品从最初的6个店铺加在一起只有40种商品的小公司,逐步发展为一个有着5 000多种品类的生活家居用品的大公司。

4. 泰国Propaganda

泰国品牌的Propaganda,英文意思是传教总会,Propaganda的设计理念就是将生活里所有的物品注入幽默的生命。作品中令人赞叹的原创思考和功能,让人喜爱。我们总相信在他简单线条的设计下,漂亮的幽默感绝对来自不简单的坚持。诞生于1996年的Propaganda,是由几位泰国广告人共同创立的,之后精彩的作品便在各项国际设计比赛中大放异彩。看过的人很难不喜欢,也很难不打从心底深深佩服这群有才华的年轻设计群。幽默、简单是他们作品的主要精神,设计品从杯、盘,到生活里行为所及的大小物品都在设计范围。也就是活着必须使用的所有商品,都包含在Propaganda的设计范围。产品中让人佩服的创意能力,让人喜爱。庆祝创业10周年的propaganda,在2002年推出mr.p系列后,这个幽默的小人人气倍增,业务狂涨,是值得我们参考和借鉴的。他认为做设计不能太刻意美化,很多东西点到为止才是最好的,留有余地,让人们遐想无限。曼谷给他带来了很多创意的素材,他笑说:"即使是一个小男孩把T恤从背后拉到头上来遮阴这么简单的动作,也是我的灵感。"这灵感让他为一个为户外活动设计了一件后面有帽子的T恤,有太阳时可以用来遮挡阳光。

看图1-31小人台灯,设计师将创意发挥到了极限,让P先生的隐私部位大白于天下,骄傲的挺立,更绝的是,这个部位还有ON/OFF的功能——灯的开关所在。用灯罩来犹抱琵琶半遮面,却又勇敢地让自己以接近自然的真空状态来面世,看似矛盾,细细回想却又趣在其中。让饱受工作、爱情、事业压力而喘不过气来的人们不禁会心一笑,长舒一口气。产品挖掘了工业社会中人性深处的一些感受,突破心理障碍,让mr.p先生勇敢地为我们来代言——勇敢有什么不可以?人生太辛苦,尽可以放下心中的枷锁,做你自己喜欢做的事情,哪怕是在幽黑的晚上,一个人靠着mr.p台灯的光芒,安静地裸奔(图1-31)。

图1-31　小人台灯

5. 时代良品

　　小型创意家居产品的发展方向时代良品成立于2003年,公司专业设计制造时尚家居生活用品、生活文具、台历等产品。以新颖的设计、简洁的外观和精细的做工为品牌基础,以实惠的价格和优质的售后服务来赢得客户的支持和信赖。时代良品的企业理念是共赢、共生。他们认为客户的满意,才是他们的追求。

　　你会为钥匙过多、难以辨认而烦恼吗?别担心,良品钥匙夹为您解决问题。时代良品推出最新款色彩缤纷的钥匙夹,有了它,再也不用为找钥匙发愁了哦。他们会细心地为您的每个钥匙取个好名字,令你轻松生活(图1-32)。

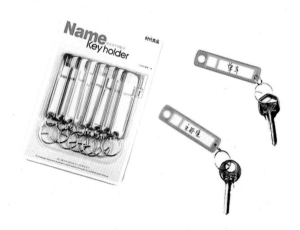

图1-32　良品钥匙夹

6. Ecoey 生态 e 园

　　生态e园是专为喜欢自然、爱好种植的消费者采用新生态、新理念开发出来的全新生态系列产品。生态e园系列创意家居用品更加突出的特点是,它不再只满足产品的实用,而是综合利用设计、创新和灵感等元素,为我们紧张压抑的生活增添乐趣。创意的意义也是在于消费者去品味其中与众不同的,可以给你带来新感受的,有更多的韵味的产品。

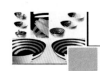

快速的生活节奏,上班族很多时间都待在小而压抑的办公空间里,心情是可想而知的,有没有一种产品让自己很自然地舒解内心郁闷心情呢?生态e园出品的魔草种植系列,包括小白人青草种植、淘气郎青草种植、X恋人情侣栽培。引导绿色健康的生活方式,给大家带来绿色健康的新心情!

小白人青草种植不仅仅是一个简单的小草种植了,通过与人的形态的结合,让小人的头部长出绿色的小草,随着小草的不断生长,小人的发型也在不停地变化着,消费者也可以根据自己的喜好来修改发型,让我们享受绿色的同时有了更多的情趣体验(图1-33)。

图1-33　小白人青草种植

大家可能还记得小时候观看蚂蚁搬家的情景,趴在地上可以看上一整天。那么在现代城市,我们怎么重温过去的记忆?蚂蚁工坊就是一款这样的产品,它是一个透明的玻璃容器,里面有蚂蚁生存所需要的材质,你可以抱着慢慢观看伟大的艺术家蚂蚁的活动,它们是如何打洞、搬家,它们这个群体是如何生存的,这绝对是值得一看的,蚂蚁工坊也是值得购买的,是我们工作外的好玩伴,是送给亲朋好友的好礼物(图1-34)。

图1-34　蚂蚁工坊

7. 洛哈思 L. H. S

L. H. S 是英语 Lifestyles of Health and Sustainability 的缩写,意为以健康及自给自足的形态过生活。"L. H. S[洛哈思]"是一种理念,一种贴近自然、健康的生活方式。防小人受

浸折磨搅拌棒很可爱,你可以用他的身体来搅拌各类饮品,同时喝的时候,小人的双臂可以吸附在杯沿上,不会影响您饮用,你还可以腾出手来干别的事情。快速搅动的时候,杯里形成的大漩涡,感觉就像小人马上就要被卷入无底深渊,带来了更多的情趣(图1-35)。

图1-35 防小人受浸折磨搅拌棒

环保生活人人有责!有氧气多功能香皂盒,给香皂安个家,还是一个环保的家,用过的香皂水水的,海绵把多余的香皂水全部吸收。吸饱的海绵可是好帮手哦!!你看一个小举动是不是把废弃的香皂水利用起来了,香皂可开心啦!盒子是柔软半透明的,美观漂亮,摔不坏,放置的时候也很安静。海绵体的设计便于拆卸清洗,同时合理利用了肥皂液,可以用于卫浴时清洗镜子、陶瓷器皿以及身上的死皮(图1-36)。

图1-36 有氧气多功能香皂盒

通过这几家公司的产品以及他们的设计理念、经营理念上的坚持,而且产品具有多样性,品类丰富。我们可以看出,国外的家居用品企业在软硬件上面的优势以及他们对于产品的精益求精。这些方面都很值得我们国内的家居用品企业借鉴、学习,通过对于自身理念的树立和产品品质的加强,全方位地来提高国内家居用品企业的实力。

(三)中国家居用品设计问题分析

总的来说,中国家居用品行业的设计能力是非常薄弱的。这里的薄弱主要体现在以下

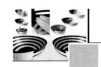
几方面。

1. 缺乏原创

中国家具协会理事长贾文清说,国内整个家居用品行业,互相抄袭已成风气:小厂抄大厂,大厂抄国外,同类企业互相抄袭。这句话十分尖锐地指出了中国家居设计的现状。

在国内的家居用品市场上,即使不经常逛的人随便看看也会感觉到,这么多家居用品为什么总是有似曾相识的感觉,好像随便买哪家都差不多。其实不仅同类同档次的家居用品企业互相抄袭,一些厂商为了达到利益最大化甚至不惜抄袭国外著名品牌,像在上海宜家的一家分卖场外,不远处就有一些小店堂而皇之地打着宜家风格家具的招牌销售他们自己"设计"的家具。像这样抄袭都抄到国外品牌的头上了,也难怪近几年一些国外举办的家居展中,中国观众会被误认为是收集模仿信息的人而被挡在门外。在上海刚刚结束的第十二届中国国际家具展览会上,有很多企业打出"拒绝内销"的招牌,经询问才得知他们的理由竟然是害怕被抄。国内家居用品行业现今的抄袭之风由此可见一斑。另一方面,中国的一些参展家居用品由于抄袭痕迹过于明显,使本来就处于中低档范畴的中国家居形象更为不佳。我国输欧家具的高速增长引起欧盟家具工业的不安和担忧,意大利家具生产企业已开始埋怨我国家具生产企业模仿其设计,为抢占国际市场低价竞销。

2. 没有特色

现在极其时髦的各种设计风格其实都源自意大利等西方国家。国内的大多数现代家具都缺少一种风格或者说新意,即让人觉得与众不同的地方。除了仿明清时代的家具可以让人强烈地感受到中国的风格之外,几乎没有什么可以代表中国现代家居用品的风格。

反观国外设计,他们经常借用各种元素,甚至是中国元素,融入他们的设计。但最后总能形成他们自己的风格。

3. 盲目跟风

不同时期,不同地区总有段时间会产生同一种流行的设计趋势。从大范围上来说,西方经历了古典主义到现代主义再到后现代主义的整体风格上的转变;从小范围看,一种特定的颜色或者材质都能形成一股风潮,在人群中流行起来。但这种流行是有原因的,也是受时间、地点、文化等差异的影响的。而且从心理学的角度来说,即使是群体性的热衷也会有厌倦的时候,人们注定会对某个流行逐渐失去热情或是被另一个新的流行吸引。如果只是盲目跟风的话,很可能当你以为捕捉到一个商机的时候,实际上已经过了那个上升期而变得无利可图了。中国的家居行业市场正是呈现这种状态:现在流行简约主义,大家都争着卖北欧风格的家居用品,搞得整个市场风格单一得可怕。

由上述分析可见中国的国内家居用品"设计缺失"现象严重。业内人士指出品牌化是国内家居用品企业未来发展的一个趋势,而打造自己的品牌必须具备一定的造型设计能力。因此,我们从研究别人的做法开始,借鉴他们的经验。

四、家居用品的目标消费者

不同的产品有不同的目标消费者,不同的人有着不同的性格、行为和生活方式,将不同人的身体特性、性格特性以及精神思想等区分开来,这些因素用来作为设计新产品的参考。一千万个顾客,就有一千万个需求,我们要分辨出我们的目标群体,然后进行有的放矢的定位。同时人们不断增长的物质和精神需求,对品味和文化内涵的追求,催动家居用品业的迅速发展,形成以消费者为中心的研发设计。预判出用户的潜在需求,作为开发产品的必要参考。市场覆盖面太大,消费者种类也太多,产品的造型设计无法满足既定市场内的所有消费者,因此,细分市场,选择合适的目标人群是企业常用的占领市场份额的营销方法,根据这些目标人群,决定造型设计的特征,如果市场的流行趋势是一个大的整体氛围,那么目标消费者的态度对于产品来说则更有针对性。情感化家居产品种类很多,不同类别的产品有相对应的消费群体,即消费的主体人群。

(一)按照年龄因素划分

1. 青少年和大学生。他们接受新事物的能力强,消费上追求比较有个性的、带有明显特征的产品,对创意家居产品购买意愿强。自我独立、价值观多样、不愿随波逐流成为这一代人的特点。特别是在中国的独生子女家庭中,都具有很高的消费地位,其必将成为创意家居产品的一支重要消费力量。不仅仅是只重视自己个人空间中的与众不同,也看重其个人空间外的创意、乐趣。

2. 具有可以自己支配的收入的白领阶层。这类消费者的年龄在 30 岁上下,消费特征向发展型、品质型升级。追求时尚个性化的生活品质,思想开放前卫并易于接受新事物,在当今社会中扮演着提供"两力"(生产力与消费力)的重要角色,他们成长在中国经济不断繁荣的年代中,在成长过程中又不断受到西方文化的熏陶。因而,自我独立、价值观多元化、不愿随波逐流成为这一代人的特点。但是,他们并不是盲目和盲从的消费者,他们追求时尚具有创意的生活方式,从而热衷于富有智慧型的创意产品。

(二)按照生活方式划分

生活方式可以理解为个人谋求日常生活的方式。生活方式在生活空间的心理角度反映消费者的位置,也是与消费行为密切相关的消费者特征之一。应该说,每一个消费者的生活方式都是不尽相同的,而这些不同的生活方式就会体现在对特定产品的消费喜好之上。

奔奔族,"独生子女"的一代,从小承受的压力和关注使得他们更为激进叛逆,喜欢挑战权威。他们也被称为伴随改革开放成长的一代,经济上的飞速发展在提高和改善中国人民的生活水平的同时,也为这一族群的成长提供了远比他们的父母一代更为优厚的生存和发展条件。他们热情奔放,富有创造力,又有文化底蕴,认为没有什么不可能的,向往有冲劲、有品质的健康的生活,也更注重家居环境与家居品质。具有非常不同一般的看待世界和人生的方式。

乐活族可以认为是快乐健康的生活,由音译 LOHAS 而来,LOHAS 是英语 Lifestyles of Health and Sustainability 的缩写,意为以健康及自给自足的形态过生活,强调"健康、可持续的生活方式"。"乐活"过的是一种环保的生活,一种健康的生活方式。它是一种符合自然生活,并且健康、精致的生活方式。他们的生活理念可以总结为:Do good、Feel good、Look good,即做好事、心情好、有活力。他们有着不同于一般人群的外在表现形式,更注重生态与

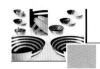

身心健康,而对名利并不那么看重。

　　不管是哪一类人群,家居产品的目标消费者都是属于创新型的消费群体。而且,在对创意家居产品目标消费者的描述中已经体现出许多隐藏在消费者心中的强烈渴望和需求。如果把这些强烈的渴望和需求投射到产品上,那就等于是把消费者对创意家居产品的内在心理需求转化为外在所流露出的明显区别于其他产品的显著特征了。

第二章 家居用品设计的时尚审美与发展趋势

一、家居时尚现象分析

（一）家居用品混搭的时尚潮流

在今天这样一个时尚风靡全球的社会里，"混搭"风潮已悄然走入人们的生活。似乎随处可见"混搭"的作品。在英文中它叫做"MIX AND MATCH"，也就是混合与搭配的意思。简单地可以理解成将看似截然不同、风格迥异的东西合理地搭配在一起。混搭风格最早源于时装界，意思是把风格、质地、色彩差异很大的服装混合搭配的穿着，产生一种另类的效果。而后延伸到家居设计界，我们可以看到类似很多风格不一、色彩不一、材质不一的家居用品混搭在同一间室内家居中，让人们产生耳目一新的感觉。其实在"混搭"的功效下，影响的不仅是时装与家居，生活的各个层面都或多或少地被它影响着，衍生出很多类似"混搭饮食"、"混搭音乐"、"混搭建筑"，甚至"混搭文化"等等。"混搭"正逐渐进入人们生活的每一个角落，吸引着人们的眼球。其实"混搭"的魅力在于它的自主性，和它产生出来的个性独特的视觉效果（图2-1）。

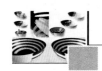

图 2-1　英国设计师 Stacey 的混搭家居设计

　　当下,混搭风格在家居设计中的运用尤为突出。特别是在年轻人中,选择混搭家居装饰的占据了绝大多数。他们喜欢休闲而惬意的生活,喜欢将家居布置得个性而张扬,然而他们又能接受多元的文化与特色,接受新生事物的发展,所以大部分的年轻人都会自主式地来混搭自己的家居空间。我们熟悉的很多家具、家居用品品牌都是以混搭风格与混搭的布置赢得了消费者的青睐。例如,我们非常熟悉的美克美家家居品牌,当你走进它的展厅时,你会发现它把混搭运用得淋漓尽致。虽然它是以美式家居为主调的家居品牌,但是通过家具之间不同风格的搭配与家居用品之间不同材质的搭配,立显混搭的魅力。就拿沙发的搭配为例,我们看到的再也不是"3+2+1"的一个系列的传统的搭配原则,它会把材质不同的布艺沙发与皮质沙发混搭在一起,会把不同花色、不同款式的布艺沙发合理摆放在一起,彰显独特的魅力。在素色的沙发中添加颜色绚丽的抱枕与纺织用品,使得整个家居氛围立刻活跃起来。在较有现代感的沙发中,配上一个 19 世纪的皮箱作为茶几的搭配,混搭中又略带点怀旧的风格。这样类似的家居用品之间的搭配已经扩散到家居环境的每个角落,人们正一步步地接受它、认同它并疯狂地使用它(图 2-2)。

图 2-2　美克美家美式混搭家居风格

　　上文所提到的时尚的混搭家居风格,也是有规律可循的。它并非将所有类型的事物都可以胡乱地搭配在一起,这样只会形成零乱的感觉。一般来讲,在家居用品中最适合混搭的是家具的混搭、纺织品的混搭与装饰品的混搭。在家具的混搭中,比较容易出效果的混搭有三种:其一,设计风格一致,但形态、色彩、质感各异的家具。其二,色彩不一样,但形态相似的家具。其三,设计和工艺非常精良的家具,适合各种混搭空间。比如,中式古典家具可与现代布艺家具混搭,东南亚家具可与中式、美式家具混搭。在混搭比例中最好三七分,不要各种风格平均搭配。在家具的材质上,有些材质易于搭配,有些则不易。比如皮质沙发可与木头材质混合搭配,所以我们经常看到皮质沙发配有原生态的原木茶几。另外皮革与金属也是不错的搭配选择,但与塑料搭在一起则不伦不类。在家具搭配时,可以把皮质、木头作为大面积的选择,而金属、玻璃、毛皮作为点缀。在家庭纺织品的混搭中,是家居呈现的亮点。在欧洲,家纺品多风格交融的趋势同样存在,比如在许多当地家庭装饰中,家具和织品的颜色是当代的,但是装饰灯、窗帘帷帐等又是传统的。在床品中,可把现代纹理的图案与传统的如青花瓷、西洋玫瑰等搭配在一起。如果喜爱浓烈的色调,则可把对比互补的色彩(如蓝+橙;紫+黄;黑+白等颜色)搭配在一起,能达到出奇制胜的效果(图 2-3)。

图 2-3　家居纺织品色彩、材质、风格的混搭

　　装饰品的混搭则是整个家居空间的点睛之笔。在装饰品中选择设计独特的小饰品显出浓浓的气氛,例如装饰器皿的混搭使用。器皿在家居用品中不仅仅是放在橱柜中,在生活中拿出来使用的工具,它可以很好地被有心的主人利用为亮丽的家居装饰品,把色彩丰富、质感不一、风格迥异的器皿放在餐柜中作为展示或摆放在餐桌上,为餐柜添加了一道亮丽的风

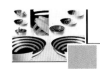
景线(图 2 - 4)。

图 2 - 4　材质形态迥异的装饰器皿

又如,装饰格子用品的搭配。格子是最简单的复杂表达,以形似的样式表现着多种多样的风格。记忆中电影里的气质美女穿着英伦风情的经典格子风衣,气质不凡。在家中一角布置一个"格纹"角落,可以让空间在可爱与大方之中自信地踏出甜美的舞步。来自我国上海的家居用品品牌多样屋家居致力于成为全球最受欢迎的家居生活时尚品牌。它的理念是让众多中国家庭展现温馨、和谐、爱的时尚家居生活,让生活更美好。现今,遍布全中国 180 多个城市和 400 多间门店的多样屋已经成为时尚家居的代名词。它其中的威尔士与英格兰卫浴系列家居就是以经典的格子来打造品牌的温馨感(图 2 - 5)。

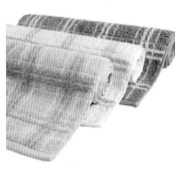

图2-5　多样屋英格兰系列经典格子家居用品

不光在家居用品搭配上形成了强烈的混搭风格，在家居用品本身的外形设计上，也有很多出彩的混搭设计。例如图2-6这款出色的拼接家具。这款边柜将混搭风运用到了极致。左边古典的巴洛克式家具风格优雅动人，线条流畅而唯美，木工雕花精湛而细致，显现出高雅的风格。而边柜右边则是现代抽象的类似包豪斯的风格，几何块面简洁明了，大方又沉稳。而把这一现代与古典截然不同的气质混搭在这款家具中，显示了它独特的魅力。然后在色彩的运用上它却使用了同一色系，在混搭中显示了统一。又如，图2-7酋长的椅子：木质、精致的镂空的传统民族图案与庄严现代的高高的椅背融入在一起，象征着尊严和权力。在色彩上采用黑色木质漆面与黄色椅垫相搭配，颜色醒目而又张扬。这样一把高背椅放在室内或室外，一定都能带来惊艳的效果（图2-6、图2-7）。

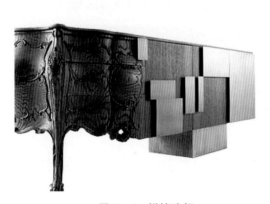

图2-6　拼接边柜　　　　　　　　图2-7　酋长的椅子

（二）怀旧风格的时尚家居

在信息化、网络化的今天，社会呈现出高节奏快速发展的面貌。人们生活马不停蹄，难以在某处长时间驻足停留。然而在纷繁多变的社会和现实生活中，人们在内心渴望一种人性与意识的回归，这种意识触动了人们心灵的感应，无形中那种怀旧的情结与思绪出现在人们的脑海，会给都市人产生一种共鸣。他们希望看到儿时的画面，怀念过去的美好时光，一

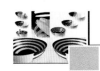
起走进那样的年代。因此,我们看到很多很多有关怀旧的作品,总是能触动大多数人的心,得到人们的认知,获得人们的共鸣,成为最具时尚的一种代表。从此,生活中总会循环地出现怀旧复古的时装、怀旧的文学、怀旧的音乐、怀旧的家居用品、怀旧的电影…… 这些都数不胜数。

　　家居用品直接涉及人们每一天的生活点滴,在一天繁忙工作之余,回到家中是一种休闲轻松的状态,每天你都会与这些物件打着交道。网络中有个很火的案例提到一位网友晒出自己怀旧风格的家居布置,让人们走进了纯真的 80 年代(图 2-8)。

图 2-8　复古怀旧家居风格

　　上图中这样的场景人们或许会非常熟悉,20 世纪 80 年代的记忆一下进入脑海。棕色实木家具、米色花边布艺、旧式打字机、钩花杯垫、带"双喜"的瓷杯、青瓷花瓶……这一切让人们置身于那个年代。这个案例在网络如此火爆,众多 20 世纪 80 年代出生的人们或是那时曾经年轻的人们,纷纷为这个帖子留言,感叹时光的流逝,追忆过往的情怀。这只是说明了现代人的一种固有的心态,渴望回归的内心。其实,"怀旧"已经从小众趣味提升到大众审美,已经由少数人领导的时尚扩大到大众纷纷效仿的潮流。当更加追求个性和特色的 80 后开始成家立业,集体回忆就成了商业营销中必不可少的手段之一。同样,家居界也能在其中获得它的商业价值。案例何止这一个，由于年轻人接触到的文化较为多元，怀旧家居并不完全等同于"新中式"，往往还融入了其他国家的文化特色。例如地中海式、波普风格以及日式的怀旧家居，都在年轻人中市场反响良好。

现在被人们熟知的 zakka 风如果说在过去几年还是小众风格，那么如今已成为大众审美的时尚潮流。zakka 这个词源于日语"zak-ka"——家居杂货、日常用品的意思。它是一种从日本流传到整个亚洲的时尚设计现象。这个词的内在含义包括了能改善家居、生活以及形象的各种事物。这些用品或事物具有提升生活质量的功能。在日本它可以是日本 20 世纪 80 年代、70 年代，甚至 50、60 年代的怀旧商品，同时也融入了北欧斯堪的纳维亚风格的现代设计元素。zakka 也被指为手工艺品，它也许不是工业化大批量生产，但是它被形容为"从普通和世俗中看到智慧的艺术"。zakka 的兴趣可以被看做是消费潮流中的又一个潮流（图 2-9）。

图 2-9　zakka 风格怀旧家居用品

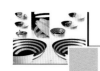

在日本,无论是私家住宅还是都市街道,zakka 似乎都扮演着重要的角色。每个角落都有这些略带怀旧气息的家居小用品,把整个空间打扮得神采奕奕。在杂货店里,各种家居用品都买得到,很多都是店主亲自制作的。也有不少专业设计人士已经不断地在尝试家居杂货的设计与制作。zakka 又被形象地诠释为"好玩的家居杂货",它对生活小物品进行极具创意的再设计,使生活变得奇趣可爱。

怀旧的波普风也席卷着现代人的生活。20 世纪 50 年代在英国伦敦、美国纽约兴起,60年代盛行一时的波普艺术,在当时是流行与时尚的代表。波普(POP)为 Popular 的缩写,意即流行与通俗,它们宣扬着每个人都可以读懂的流行艺术。然而在 21 世纪的今天,波普风又一次卷起一股狂风。拿人们熟知的抱枕为例,怀旧复古的经典波普抱枕为人们的家居生活带来无限美好的色彩(图 2 - 10)。

图 2 - 10   波普风格抱枕

波普图案宣扬色彩上的张扬,利用对比互补等醒目色彩引起视觉上的冲击。我们看到类似这样的图案上总是会出现怀旧的电影画面、影视明星、电影招贴广告等进行重复与拼贴,冲击着你的眼球。

2012年美国高点家具展展现的就是极富怀旧情怀的家居风格(图2-11)。

图2-11　2011美国高点家具展览现场

美国高点国际家具博览会是与意大利米兰国际家具博览会、德国科隆国际家具博览会并列的全世界著名的三大国际家具博览会之一,起源于1909年举办的第一届美国南部家具展销会。从1913年起该展会每年举办两次。怀旧复古的风格在美式家具设计广为大众所喜爱,那种浓重的配色风格显得优雅稳重。丝质、皮草和棉麻的混合应用一点也不会显得凌乱,反而在设计师的灵感与创意下呈现出一种丰富的美感。各色棉麻质地布料被设计成了蓝天白云、花鸟鱼虫等等自然图案,让我们在家中就能感到与自然的无比亲近,同时棉麻材质的面料也更加舒适环保。各大品牌推出的仿古白系列的家具也十分出彩,搭配上浅麻的地毯,让人感觉十分清新。

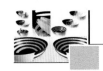

综上所述,当今人们经历并接受了多元文化给生活所带来的冲击,人们向往的生活、追求的时尚并不是简单的模仿与复制。大家渴望变化、求美求新、张扬自我个性,同时渴望人性的回归。因此,人们对于生活的要求也在逐渐变化与提升。上文描述的各类家居现象以及家居用品的设计已经给人们的生活带来不同层次的变化与创新,对它们从认知到接受再到疯狂着迷,它们已经逐渐成为大众时尚审美的主角,成为我们家居生活中不可或缺的一部分。

二、家居用品设计元素解读

（一）家居用品设计的时尚特征

家居用品是跟人们的家居生活产生密切联系的。家居生活的方式直接影响到家居用品的存亡与发展。换言之,家居用品的出现由人们的生活方式所决定。在多元化、信息化、网络化的今天,人们的家居生活已经变得丰富多彩,对"家"的概念有了不同层次的诉求。而家居用品设计则依附于人们对于家居生活的这种诉求。随着经济的发展,物质文明达到一定的高度,人们想要拥有的是精神的需求与满足,自然对于家居用品看中的不再仅仅是功能上的特征,而是可以给人们生活带来愉悦、赏心悦目、能产生生活情趣的用品与设计。人们逐渐开始厌恶粗糙的物质化的设计,对于生活的不断追求,大众需要的是更为精致、细腻的精神化的物质享受,强调与追求时尚、个性、品味的生活,从而趋向一种全新的时尚化的审美情趣。前文已对时尚化的社会审美做过详细的论证与分析,不难看出,这是大众对于审美的强烈需求。然而依附在这个审美之上的家居用品设计表现出来的时尚特征是多样性的。时尚的家居用品强调的是技术与艺术的结合,无论是造型的创意、装饰的手法,还是材质的选择与工艺的制作都需要先进的设计理念与精湛的技艺。当今社会多元化的发展使得时尚的家居用品设计呈现出诸多不同的时尚特征。具体特征有如下几点:

1. 强烈的艺术感

早在以"超设计"为主题的第六届上海双年展就针对艺术深入设计并从艺术角度对设计进行反思提出了议题。在整个展品中,看到几种思维倾向:设计的艺术化、艺术的设计化以及设计师艺术家化,或者说艺术家设计师化。这使得艺术与设计的界限越来越难以区分。很多时候设计师也是艺术家。在人们周遭的生活中,也能够充分感受到艺术融入设计的氛围。在设计不断地向艺术靠拢的同时,作为时尚的家居用品设计同样彰显它强烈的艺术感。

被称作北欧设计先驱的阿尔瓦·阿尔托是来自芬兰的著名现代设计师。他的作品往往具有一种时代性的艺术价值,为整个北欧设计奠定根基。其中他设计的弯曲波浪式的湖泊花瓶是人们最爱收藏的北欧家居用品设计经典。形状类似芬兰湖泊的花瓶有着不规则的波形与厚薄不均的边缘,不仅在外形上有着典型的芬兰自然环境特征,形式感极富艺术性,波

浪唯美而不规则的式样从 1936 年至今魅力不减,到今天仍是北欧设计里最受世人欢迎的家居用品设计之一,也是最畅销的北欧家居用品,如今仍不断推出新的尺寸与颜色。这个经典的湖泊造型已经深深映入人们的脑海,而后出现的很多延伸性作品都恰当地应用了这一赋予自然特征和艺术感的湖泊造型。例如以湖泊花瓶为灵感的湖泊状木头托盘,湖泊状冰块、饼干模具,湖泊状容器等等。不仅如此,在赋予艺术感的阿尔托湖泊花瓶 70 周年庆,激励了世界各国设计师运用优美的湖泊曲线重新创作,产生了一系列的家居用品。这些作品反映出自然美学呈现出来的强烈艺术氛围。绘画一直是人类表现艺术感与情感的方式,因此从远古时期的洞穴绘画到现代抽象绘画都成为一种代表艺术的共同语言。而艺术与生活常常是无法分离的,在家居用品上通过彩绘的形式往往是艺术的一种体现。正是这种艺术感才使得它可以成为一种永久的时尚,在人们生活中流传开来,传承下来,普及到家居生活的各个层面。彩绘家居用品细致优雅的线条依然受到许多人的青睐。这种不受流行限制的美感再次印证唯有赋予经典艺术美感的事物才是经得起考验的隽永之道。彩绘餐具是最为常见的一种形式,细腻美感的外观结合其实用功能,是二者关系最佳的选择(图 2 - 12、图 2 - 13)。

图 2 - 12　2012 阿尔瓦·阿尔托湖泊状花瓶和容器

图 2-13　2012 彩绘瓷盘

　　图 2-13 中不论是古典唯美还是现代抽象的彩绘餐具都极富艺术感,它不仅仅是用来就餐的功能的体现,更多的是一种赋予美感的装饰艺术,摆在餐桌上给人以美的感受,人们从中感受到生活的愉悦与情趣,这才是时尚家居用品最为根本的特征。

　　2. 独特的创造性

　　前文论证过时尚具备一定的道德标准,它必须具备原始的创造力。这种创造力指的是在设计概念形成的过程中,设计师打破固有的思维模式,赋予设计对象一种全新的理念。然而时尚的家居用品设计除了创造力之外,它必须是独特的、新颖的、有创意精神的,才具备其时尚的最显著特征。这种新颖、独特、有创意的精神要求具备超强的想象力,在思路的选择和思考的技巧上要有新的见解与突破,创造出新方法、新观点、新经验才是本质。现今市场上家居用品琳琅满目,消费者在选择上除了功能的考虑外,首先映入人们眼帘的是外在形态,因此家居用品的设计是否新颖、夺人眼球至关重要。对于家居用品的创造力同样来源于

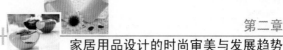
人们对待生活的态度。它是依附于人们生活的,更多的创意灵感来自于日常生活。

来自北欧的新锐设计师布莱恩·基尼与托尼·阿尔夫斯多姆创立的 Tonfisk 品牌在家居用品的设计上受到众多消费者的青睐。早在 2000 年其品牌就以木头与陶瓷相结合的 Warm Teaset 系列,在德国法兰克福 Ambiente Fair 展览吸引了各国媒体及买家的注意。此后,该品牌在简洁中透着温暖的风格,成为北欧现代设计的代表之一。Tonfisk 的设计哲学是在功能先于形式下,并不忘独特。布莱恩表示"功能先于形式并不代表存心跟随传统的北欧设计观,功能良好的东西也应该具备独特的创造力与有趣的特质,没有什么东西必须看起来一样。"Warm Teaset 系列起初并非刻意,但如今这类木头与陶瓷相结合的家居用品几乎成为消费者心中的注册商标。这个独特的创意使得盛茶的器皿既美观又不会烫手。包括该品牌类似的 Newton 系列,牛奶和糖罐的结合,即使在倒牛奶时也能保持稳定,把创意发挥到极致。现今,Tonfisk 品牌在家居用品中已经成为消费者心中时尚创意的代表(图 2 - 14)。

图 2 - 14 Tonfisk 家居用品

来自英国的设计师 Kacper Hamilton 和 Ezgi Turksoy 共同设计的一系列酒水器皿创造出独特的民族文化与宗教特色。该系列酒水器皿灵感源自清真寺圆顶建筑,将清真寺独特的圆顶融入到器皿外形设计之中,使得宗教文化内涵赋予酒瓶一身。呈现在人们眼前的更是具有气质感的时尚物品(图 2 - 15)。

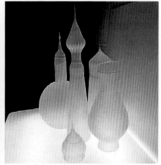

图 2 - 15 kacper Hamilton 和 Ezgi Turksoy 设计的系列酒水器皿

3. 生活的情趣化

幽默大师卓别林曾说过"由于有了幽默,使我们不至于被生活的邪恶所吞没"。在快节奏的现代都市生活中,人们在工作、家庭以及社会责任的压力下,渴望一丝轻松和愉悦,希望家居生活能呈现出温馨与浪漫。因此,人们希望每天都要所用、所见、所感的家居用品是富有情趣化的、趣味性的。这种情趣化来自人们内心所思,也是人们对于生活的一种向往。情趣化的设计也是时尚的家居用品的必备特征。这种情趣化往往体现在人们所感受的生活方式与态度之中。时尚的灵感来自生活的各个方面。然而,赋予情趣的家居用品设计总是来自生活的细节与人们内心的情感。

来自英国的家纺设计师 Maxine Sutton 创造了清新独特的家居布艺品牌。年轻的设计师为这一品牌注入了年轻的活力。这些家居布艺产品气质清新,颜色跳跃,构图饱满。织品上的图案均由设计师亲手设计而成,这些图案的灵感大多来自设计师生活中的一些人或物,在此基础上得以提炼与夸张,使得整个作品富有一丝丝趣味,把作品与生活紧密联系在一起,又富有时尚的情趣(图 2 - 16)。

图 2 - 16　玛克辛萨顿的家居布艺

2011 年米兰家具展中一组灯具的设计提起了众多参观者的兴趣。这是一组在手工打制的铜器物上,安上用吹制玻璃制作的灯。它的特色在于把铜制品和吹制玻璃二者完美结合,形成了各种人们熟知的生动的艺术形态。让人一看便联想到日常家居生活的各个方面,从而产生一种共鸣(图 2 - 17)。

图 2-17   2011 米兰家具展之灯具系列

（二）艺术形式多样性满足时尚审美要求

在当今社会,时尚化审美已经成为一种普遍的社会现象。然而人们在这个多元化的社会里,接受的是多元化的文化以及多样化的审美视角。正如前文所述,只有艺术形式的多样性才能满足现今时尚多变的审美需求。就当下家居时尚现象分析,时尚审美并非定格在同一种风格或是同一种模式,它呈现出多种不同的审美态势。例如简约、复杂、现代、怀旧、具象、抽象等等,人们需要有多变的时尚元素。因此才会出现前文分析的混搭时尚趋势,把不同的元素、不同的风格、不同的材质有序地搭配在一起,形成多变而不是单一的风格,这是现今社会对时尚审美最本质的需求。家居用品设计的灵感来源于生活,而又经过其独特的创造性、强烈的艺术感和生活的趣味性高于生活。从家居用品设计本质分析,它最终目的除了给人以实用的功能之外,还要带给人们以美的精神感受,从而让人们充分享受家居生活。这样使得设计师在设计家居用品时往往带有一种强烈的精神色彩,以极富精神活动的情感来打动消费者,感染消费者。这种感染与打动决定了它不能是以单一的形式存在,为了获得和满足更多消费者的认同,它必须呈现出多样化的特征。而时尚的家居用品也正因为具备这一特征而受到众多消费者的青睐。

1. 造型多变

对于符合时尚多变审美情趣的家居用品设计,在造型上的设计尤为重要。外在造型的设计是吸引人们眼球最直接的要素。没有独特且打动人的造型,绝不会赢得消费者的喜爱。在物质生活快速发展的今天,人们对于美的精神需求越来越高,在两件同样功能的家居用品之间,人们更愿意去选择能够打动他们精神思维的产品。如果在外形的设计上平淡无奇,从第一视觉上就很难打动消费者。根据心理学判断,人的思维喜欢停留在新鲜好奇的事物之上。在家居用品设计上,只有多样化的外形特征才能符合人们内心的诉求。因此,笔者认为有创意且多变的造型是满足时尚审美的首要要求(图2-18)。

图2-18 造型风格迥异的花瓶

2. 色彩丰富

国际上往往把流行色看做一种信息和商品竞争的手段。家居用品设计最主要的两个方面:一是造型,二是色彩。虽然色彩是依附在形体之上的,但它比形体对人更具有吸引力。举个很简单的例子,在视线很远的地方,肉眼或许看不清物体的形状,但绝对可以看到它的

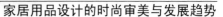

颜色。据有关实验表明：人眼在看物体的时候，开始的 20 秒，色彩成分占据 80％；2 分钟之后，色彩成分占据 60％，形体占 40％；5 分钟之后，色彩、形体各占 50％。由此可见，色彩在家居用品的设计中有着先声夺人的作用。其次，色彩具有一定的情感功能。色彩作用于人时产生一种单纯性的心理影响，直接刺激着人们的思想、感情与情绪。不同的色彩带给人们不同的心理感受，象征着不同意义。例如：绿色象征着生命，富有生机；红色象征着热情、活泼与温暖；蓝色象征着沉稳与理智等等。把色彩的这种象征意义以及视觉作用和心理影响充分地发挥出来，能给人以内心美的享受，从而到达精神上的愉悦。丰富的色彩可以增加家居用品的情趣和个性，使设计活色生香，富有人性。来自英国伦敦的设计师 Zoe Murphy 在伦敦设计周上设计了一个五彩的家居世界，她将旧的家居用品二次利用，用彩绘给家居用品换上一身鲜艳的外衣，显得十分优雅(图 2 - 19)。

图 2 - 19　Zoe Murphy 五彩斑斓的家居世界

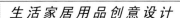
三、家居用品设计发展趋势

（一）加强产品的创新与多元化发展

独创与创新是时尚最根本的特征与属性。要成为具有时尚化审美的优质家居用品必须具备创新精神。而我国家居用品设计如前文介绍在独创性与产品创新上较为缺乏,作品设计单一,抄袭现象严重,往往盲目跟风,缺乏自己的品牌特色,从而满足不了大众消费理念。然而在当下市场经济的控制下,作为审美时尚化的时代,家居用品要很好地发展下去,满足市场、满足大众消费是必不可少的。当今社会,人们对家居用品的需求不管是在类型上还是在审美上都有了翻天覆地的变化,人们渴望看到新颖、独特、多样化、高品质的家居用品,为其生活带来情趣与享受。这也是时尚审美社会化所带给人们的最根本的需求。产品的创新在于设计师应该随着时尚的变化而不断更新,把握时尚变化的气息。体现时尚审美情趣是家居用品创新的目标。

要做到产品的创新,需要设计师留心身边的生活,往往灵感来源于生活。任何家居用品都是跟生活紧密挂钩的,只有把人与生活融合到一块,才能在其中找到灵感的来源,它与人面对生活的态度也息息相关(图 2 - 20)。

图 2 - 20　挂钩设计

图 2 - 20 这样一组能传达信息的挂钩由 Blend Design 设计。微妙的创意为普通而简单的挂钩带来生活的灵气。每段挂钩都是一句激励人心的短语,字母延伸出来的部分就做成了弯钩样。这样,在你的卧室或者客厅,就随处可见"live your life"或者"you make it happen"等字眼。字体风格沉稳,可以与室内的装修风格相统一,让居家者在信心满满的同时,也实现了便捷的挂钩功能。要做到产品的创新,在平时留心身边生活的同时,必须具备一定的创意思维。

家居用品的创意本身就是一种思维活动。它是艺术形式与技术的统一,它需要多方位的立体思维方式进行引导,来取得一定的效果。如:发散性创新思维、连动性创新思维、联想

性思维等等。

发散性创新思维指的是以人脑为一个中心点,思维朝不同的方向与角度扩散。这种思维可以使人大脑思路活跃,提出多种设计议案与独特的见解。

连动性创意思维指的是以一个物体为出发点,思维根据该物体一步步向后面扩散和延续。这种思维逻辑性较强,可以把原有的设计理念一步步推向更完美的方案。

联想性是事物与事物之间主观或客观的关联。联想性思维可以使设计师通过某种设计或方案联想到另一种方案的过程。联想可称为人类设计文明的发展动力。例如,鸟类的飞翔引发了飞机的发明;生物的神经网络联想到应用计算机的发明。随着现代科技的高速发展和人类文明的进步,在物质生活与精神生活要求越来越高的今天,家居用品要符合时尚化大众审美,要求设计师必须具备一种超然的联想能力,才能使作品蕴藏一种极大的创新精神与创造力(图2-21)。

图 2-21 "吸管"灯具

俄罗斯的独立设计师 Maxim Maximov 借用了吸管可以弯曲的概念设计了此款台灯,看似吸管或者水管,通过中间可折叠的一段来自由变换角度,是通过联想思维方式的绝妙之作。

除了加强产品的创新,在当今多元化社会的影响下,人们可以通过网络、媒体接受世界各国各地不同民族、不同文化的审美影响,人们对于这些文化的喜好与接受度差异性较大,因此,单一的艺术风格完全不能满足人们对于时尚审美的追求,家居用品设计必须朝着多元化趋势发展。这需要不断丰富自我艺术形式,建立多种艺术风格,才能适应时尚审美不断变化的审美情趣。但是,通过对时尚审美一般特征的了解而得知:社会文化才是时尚审美的最终归属。以五千年儒家文化为主导的中华民族,在东方文化中形成了一种细腻而内敛的文化习俗。因此在家居用品的设计上也需要结合中华传统民族的因素,表现中国人的审美习惯,体现多元一体化的特点。包括在造型上体现细腻和柔美,在材质上精致而独特等等,这种类似的设计都是与中国人的审美情趣分不开的。

(二)深化产品的装饰功能

装饰是体现人类审美情趣的一种必要的艺术形式。从18世纪至今,在不同历史时期,设计师对产品的装饰有着截然不同的态度。初期,装饰只是一种表面的形式。18世纪的设计,在处理产品的功能与装饰上有着依附的态度,一方面设计师强调对产品功能的坚定性,另一方面又对装饰产生着浓厚的兴趣。由于当时在时尚审美的影响下,不少产品,特别是家居用品要附有一定的装饰才有市场。但是这一时期的装饰大多是一些形式繁琐的表面装饰,如附加的人物和花草等。这种装饰大多与产品结构相分离,看似可有可无。中期,则是拒绝装饰。19 世纪末到 20 世纪中叶,现代主义风格盛行,极端推崇功能主义。1892 年,美国的沙利文提出"形式服从功能"(Form Follows Function)的口号。现代主义风格反对繁琐的表面装饰,主张产品拥有简洁、理性、实用的外观。后期,装饰复兴。20 世纪中后叶,人们对严肃而单调的现代主义产生厌恶感,逐渐在寻找一种富有人情味的产品。因此,装饰再度兴起,然而设计师对传统的装饰进行了改良设计,使其不再是产品表面繁琐的附属品,而是与产品的结构融合,做到产品与装饰融为一体。例如后现代主义设计师格雷夫斯 1985 年为阿莱西公司设计的自鸣式开水壶,将壶嘴的自鸣哨做成小鸟式样,壶身配以点状装饰,整个设计俏皮活泼,能带动起消费者的好心情(图 2-22)。

图 2-22　格雷夫斯自鸣式开水壶

装饰已经成为家居用品设计中不可缺少的一种表现手法。一般情况下家居用品的装饰手法有如下两种:

1. 点、线、面的装饰

点、线、面是构成的三大要素,同样也是家居用品装饰的三大要素。在很多家居用品的表面往往可以看到很多点状的造型,如产品外观的按钮、纽扣、指示灯等。在一般情况下,这些"点"的元素,会被人们默认为圆形或是方形,其形式难免单调。如果通过装饰设计,增加造型变化,则可以成为整个产品的亮点。假若整个产品表面过于平淡时,则可采用装饰线条的手法,线条柔美而有动态,可使家居用品看上去富有生气。"面"在构成中是最吸引人们眼球的,在装饰中也是一种吸引视线的好方法。利用工艺技术丝印、喷漆、彩绘等等,在产品上添加大面积的平面图案,增加整个产品的氛围与个性。

2. 立体装饰

装饰不仅仅只局限在平面图案上,消费者见得过多也会觉得司空见惯,然而立体装饰则是打破沉闷、力求创新的好方法。立体装饰的出现使人耳目一新,给家居用品设计注入了新鲜活力。如类似雕花、立体造型等装饰手法在家居用品设计中也经常可见。

（三）发展目标

通过上文分析,在当今家居用品设计中,装饰的运用与深化朝着以下几点目标在向前

发展：

1. 装饰美化产品结构

传统的装饰给人繁琐与多余的感觉。真正要做到好的装饰功能，必须使得装饰与产品外观完美结合，兼顾实用与美观双重功能。这必然会成为家居用品在装饰设计上的新趋势（图 2 - 23）。

图 2 - 23　首饰架的设计

如图 2 - 23 外观是"树"造型的首饰架，把装饰深入到产品的结构，既是外观线条优美的家居装饰用品，又在其功能上显示了独特的一面。

2. 细节装饰提升产品功能

细节决定设计的成败。好的家居用品设计在其细节上往往精彩且细腻。如何营造家居用品设计的细节是设计师必须要考虑的因素。对产品的重要部分进行亮眼的装饰，是吸引消费者眼球很好的方法。

总之，设计师在家居用品装饰设计中，应注重产品功能与装饰的结合，对于细节的装饰则需深入产品内在结构。在考虑到产品的实用价值之余，力求做到视觉上美的享受，迎合大众情感需求，体现人文关怀。装饰性的影响已经在生活的各个层面得到了广泛应用，构成了物质与精神文化的统一体。功利性和审美功能的有机统一，也反映了当代社会大众的时尚审美心理机制。

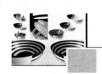

第三章
家居用品设计分析

一、家居用品的设计要素分析

家居用品的设计主要通过造型、色彩、材质、使用方式等外显要素，以及文化、情感等内隐要素来表达。外显要素是指家居用品显露出来的外在特征，人们能直观接触到的要素，比如造型、色彩、材质、使用方式等。

1. 造型简洁美观、生动有趣

唐纳德.A.诺曼在《情感化设计》一书中提出："美观的物品更好用。美观的物品使人感觉良好，这种感觉反过来又使他们更具创造性地思考。"毫无疑问，家居生活中，简洁美观的家居用品给人清爽、舒适的感觉，更容易让消费者愿意亲近。另外，简洁美观的产品，不追求华丽，但平淡中却透露出家的温馨。而生动有趣的造型，以拟人的、卡通的、夸张的、仿生等手段，赋予家居用品具有人的特征，比如生命、幽默、可爱、亲和等，让家居用品从"工具物化"向"工具人化"转变，为人们的家居生活带来不少乐趣。如韩国文具设计，造型生动有趣，极具亲和力(图3-1)。

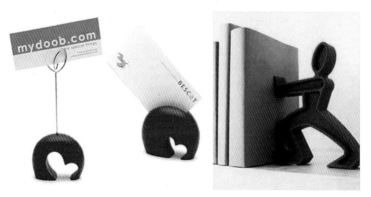

图3-1　韩国可爱文具系列

2. 色彩舒爽宜人

色彩舒爽宜人，也就是说家居用品的色彩要与家居环境相协调、相统一，要采用温和的色彩，让消费者在满目愉色的家居空间中感受到家的温暖与自由舒适；不能大面积采用强烈刺激的色彩，容易使人产生烦躁不安的情绪或者久而久之就会影响人的心理健康。当然，不同的消费者对色彩的敏感程度不同，对色彩的亲和敏感度自然也不同。比如彩色系的家居用品，可以凸显家居环境色彩变化的跳跃性，更能体现出年轻、时尚的潮流。对于追求潮流的年轻时尚一族以及喜爱鲜艳色彩的儿童来说，彩色是比较有亲和力的，但是对于喜欢素雅的老年人来说，是非亲和的。因此，家居用品的色彩，必须要考虑不同消费者的需求，要与整个家居环境的色彩相和谐，这样才能更具亲和力，吸引消费者的眼球。

3. 材质温和舒适

由于家居用品与人类的生活紧密相关，所以材质方面常选择温和舒适、容易亲近的材质，比如亲近自然的木材、藤编、竹材，暖人心脾的毛纺、棉麻，内涵丰富的陶瓷。即使某些家居用品也采用不锈钢、玻璃等给人冷冰冰感觉的材质，但是一般都会以点缀、潮流别致的色彩、别具韵味的造型等来中和非亲和感。

4. 使用得心应手

虽然家居用品包含的产品种类繁多，举不胜举，但其设计与家庭生活息息相关，其使用环境是在家中，人们每天都要和这些物品打交道，因此应该注重产品的功能亲和与使用亲和，使用户在第一眼看到这个物品的时候就能看出可能的操作方法，要保证人们使用起来毫无顾虑（图3-2）。

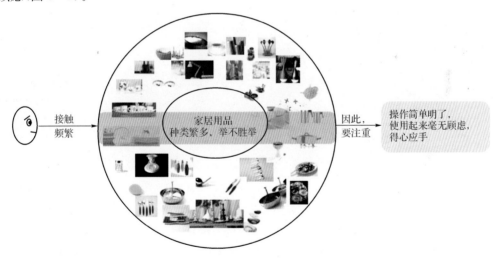

图3-2 使用得心应手

因此，在设计时，要准备把握好家居用品的外显因素，以便其能准确传达产品的内隐要素，确保外显要素与内隐要素一致都能达到效果，让人们切身感受其魅力。

二、家居用品设计的表现形式

家居用品设计的表现形式主要为：民族文化的认同、情感归属的诉求、人—机—环境的

协调。

（一）民族文化的认同

民族文化深深植根于本民族漫长的历史传统，是人们共同的生活体验与记忆，极易打动人心。对于本民族的人们来说，文化有着先天的亲切感，容易达到认同效果，而且民族文化所包含的认知元素、审美符号、文化特征，是在历史长河积淀下来的精华，容易被世界所接受和认可。

如今，消费者追求高品质的家居用品，这也就意味着家居用品不仅要提供令人满意的功能，也要给消费者提供情感上的满足。换句话说，消费者在购买一款家居用品时，购买的不仅仅是产品的功能，也是内嵌在产品中的特定生活方式，这种特定生活方式是消费者通过产品的内容体验感受到的，主要来自于产品的文化表征。因此，不同的家居用品从不同的角度给用户提供愉快的体验，以其独特的文化和传统习俗给用户在使用中带来乐趣。例如，德国人有着世界闻名的严谨理性思维，这种文化和特点已经深深地影响他们的产品设计，逐渐形成强调精湛技术的设计风格。福腾堡 WMF 的桌面茶具（图 3-3），简洁之中透露出一丝不苟的生活方式，极受消费者的青睐。日本，资源短缺、人口众多，具有强烈的进取心，这种文化和特点让日本在二战结束后采取了"双轨制"来促进工业设计的发展，如 MUJI 家居用品 MUJI 桌面文具系列就是一个很好的例子（图 3-4），其中透露出物有所值、去繁就简、积极进取的日式文化理念以及禅宗的哲学，受到全世界人们的喜爱。

图 3-3　福腾堡 WMF 的茶具　　　　图 3-4　2011 年 MUJI 文房具展桌面文具系列

中国人民创造了五千多年的灿烂而悠久的物质和非物质文化历史，比如自古以来坚持的以"和"为贵、儒家思想、道家文化、青花瓷、别具一格的明清风格家具，具有中国特色的竹材等等。所有这些文化形式，都为家居用品的设计提供了丰富的设计资源，因此设计师应该开拓他们的视野和头脑，研究中国的传统文化，并将文化因素引入家居用品的设计中。如此，本身没有生命的家居用品，就有了文化内涵、故事、温度、感染力以及亲和力，不用特别去说明，就可以在人与家居用品之间建立起沟通的桥梁，拉近人和产品之间的距离，让人们从对文化的认同过渡到对产品设计的认同，从而促使消费者产生购买的欲望。同时，中国传统文化的引入，将五千年的中国文化积淀，以家居用品为载体展示于世人，无形之中又传承了文化，让世界人民都倍感中国文化的亲和力。

（二）情感归属的诉求

据相关统计,越来越多的人因为情感缺少、压力的骤然增大而患抑郁症,导致抑郁症患者的数量持续增加,在2010年全球就已有1.22亿左右的抑郁症患者。由此可见,尽管如今人们的物质生活越来越富裕,交通越来越发达,交流越来越快捷方便,但是人们的沟通却越来越少,压力越来越大,情感越来越缺失,精神越来越匮乏。处在这样一个压力多多、精神匮乏、情感缺失的信息时代,人们倍感人情冷漠,缺乏安全感,对情感归属、心灵归宿的渴望极其迫切。而家,对于人们来说,是情感的归属空间,是心灵的家园。家居用品作为家居生活的重要组成部分,有必要从情感的一面去给人们营造家的温馨氛围。

《六韬》有云:"君子情同而亲合,亲合而事生之",即君子情投意合,就能亲密合作,亲密合作,事业就能成功。同理,运用到人与家居用品的交流上来说,如果产品能以情动人,其亲和力会大幅度提升,会吸引人们的亲近,从而让人们心情愉悦、放松心情,有助于人们减压,找到情感的寄托,更重要的是,愉悦心情下人们更能容忍和处理设计中的小问题,会忽略产品的小缺陷,潜移默化中便会越来越亲近此产品,使用产品的时候自然得心应手。

因此,家居用品设计要根据用户的生理特点和心理特征,依据人机工程学原理,综合加工工艺、材料、结构、功能等要素,使家居用品与人的生理特征和心理特征相协调,注重"以情动人",唤起人们愉悦的情绪,触发人们积极的情感(图3-5)。例如,其形态要符合用户的审美情感,让用户在第一眼看见它的时候就产生亲切感;其功能要让用户觉得合情合理,感觉到它的魅力;其操作要让用户不需要借助使用说明就能上手,舒适宜人,不易疲劳,始终让用户感到安心;当然,最重要的是其内涵能让家有着尽可细细品味的美感和故事,让家饱满之余,更有浓浓的生活情调和品质特色,让人感受亲情的温暖。

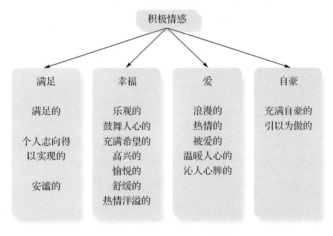

图3-5 消费者的积极情感

（三）人机环境的协调

中国自古以来都奉行中庸之道,"中庸"即"中和",它体现了人与万物"和合共生,浑然一体"的生存智慧。也就是说,人们要把握好人－机－环境三者之间的度,以人的全面发展为目的,在利用改造物给生活带来便利的同时,也要学会珍惜自然、保护自然,创造自然和谐的

人机环境,如此才能达到"诗意的栖居"。

在这里,"环境"是指使用家居用品的人进行主体活动时所处的空间,包括家居环境、社会环境以及自然环境。因此,人—机—环境的亲和,从产品的角度出发包含以下几个方面:家居用品与人的亲和、家居用品与家居用品之间的亲和、家居用品与家居环境的亲和、家居用品与社会环境的亲和、家居用品与自然环境的协调。

通过家居用品与人、环境的亲和,促成人—机—环境的可持续发展(图3-6)。

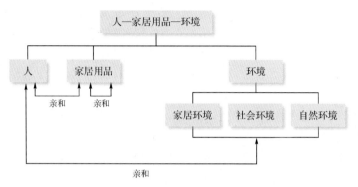

图3-6 人—家居用品—环境大系统

因此,进行家居用品的设计时,必须从"人—机—环境"亲和的角度分析其情况及相互作用。比如,产品的大小、比例、尺度、材料、色彩、工艺等要符合人机工程学,使用方式符合人们的认知与使用习惯,让人们在使用的过程中感觉到身心愉悦;产品要对家居环境有一定的适应性,对社会人文环境有一定的继承和发扬;人类利用自然环境自身固有的运动规律,不急功近利,不破坏自然,以现有科技更好地为人们服务。只有统筹考虑"人—机—环境"中的物的因素、人的因素、社会的因素、环境的因素等,才能达到整体有序,和谐稳定,才能真正地实现人—机—环境的亲和。

三、家居用品亲和设计要点

家居用品设计,不单纯是仿生的造型、柔和的色彩、环保的材料、符合人机工程学的设计等带给我们身体的客观条件,更包括一种感觉,比如家居空间的诗意美感、他人的认同感、自我满足感、亲情的温馨感、家的安全感与幸福感等。家居用品亲和设计的原则可以参照工业设计的一般原则:美学、简洁、以人为本、生态平衡,从以下几点出发。

(一)富有诗意的美感

德国诗人荷尔德林说过:"……,然而诗意地,人栖居在大地上。"家,是人类诗意栖居的精神家园。虽有万种思绪徘徊,但家永远是那温馨、团圆、不动的起点,产品作为家居生活中重要的部分,应该富有诗意的美感,如此可以对家居生活有画龙点睛的作用,看似不经意的小处,让家居生活充满诗情画意,成为最舒适的阵地,让人们感受家的温暖。

富有诗意的美感,是指家居用品造型美观,能像诗里所描述的那样给人以美感的意境。也就是说,每一款产品都富有美感,这里的美感包括外显的形态美,以及内在蕴含的功能美等,让人欲罢不能(图3-7);产品的摆放能让整个家居空间散发出富有诗意的唯美气息,别具一番格调。比如北欧家居用品的设计强调视觉美感的享受,但更重视产品对人心灵的抚慰与寄托,注重产品的含蓄不露,从而获得诗意的功能美感享受(图3-8)。Smile果盘(北欧Formland大奖),采用笑脸的造型,顿时让人心生好感、心情愉悦,另外,它有两层,可以储存垃圾果壳,于细节之处体现其功能美,体现出其对人的贴心关怀,也凸显出家居生活的惬意与诗意。

中国自古以来就崇尚诗情画意,比如山水画、水墨写生、青花瓷等,无不透漏出人们对诗意生活的追求。因此,家居用品的设计中可以借鉴山水画的韵味、水墨写生的情韵、青花瓷的风采等来营造出恬淡、宁静、温馨而超然的诗意氛围,为家居生活添砖加瓦。

图3-7　美感所包含的方面

图3-8　北欧 Formland 大奖:Smile 果盘

(二)把握时尚的气息

时尚是当时流行的风格或行为方式,是当时大众对特定生活模式、行为、语言等的追求。美国社会心理学家金布尔·杨把人们追求时尚的心理动机解释为:时尚在心理上为人们实现"那些在生活中未能实现的愿望"提供了补偿机会;欲图引起他人的注意;时尚具有补偿自卑感的功能;时尚还能够实现人们自我扩张的愿望。

人,是社会的人,不只属于小家庭这个小圈子,更属于社会大家庭,需要得到社会他人的亲和、认可与肯定。因此,家居用品应该把握时尚的气息,一来可以让人们觉得自己不仅仅属于小家庭中的一员,更是社会时尚群体的一员,从而找到社会归属感(亲和的归属动机)。二来,可以彰显家居主人的品位,无意之中通过他人眼中的对比,得到社会他人的认同与赞赏,自然会感觉自信满满。

那么,家居用品应该如何把握时尚的气息呢?从消费者角度来看,时尚就是让消费者在使用产品的时候感到自我满足,这种满足感,包括生理的和心理的。生理上,产品的色彩、材质、形态等散发出来的高品质能给消费者带来舒适感;心理上,能够区隔普通大众的印象,经由他人的认同产生优越感。

(三)坚守禅意的简约

简约就是"经济、实用、舒适"。家居用品作为人们日常生活经常接触的物品,品种繁多、数量惊人,如果不简约,无疑会增加平时生活的复杂度,势必会让人们心烦意乱。

家居用品的简约就是简单,让人们在接触产品的一瞬间就明白如何操作,凭直觉就能完成操作;平易近人,让大众都买得起;温馨舒适,让人们享受身体和心灵的舒适和放松;不张扬,是融入产品每一处细节的内敛光华、贴心关怀以及纯粹亲和力。

禅,在《现代汉语词典》中是指静思、坐禅。禅意是指一种博大、幽雅、深远、逍遥的意境。禅意的简约就是选择一种简单的、幸福的、自由的、亲近自然的生活方式,来还原生活的本质。比如北欧家居设计就追求一种简约,产品都设计得简简单单,纯粹而不喧闹,重视回归自然,让整个家都充满亲情、幸福(图3-9、图3-10)。日本的无印良品(MUJI),家居设计推崇简约、自然、质朴的风格,桌面上的杯子和家外面的风景融为一体,包含崇尚自然、回归宁静的精神。

图3-9 北欧家居用品示例

图3-10 MUJI家居用品之杯子

坚守禅意的简约,就是让家居用品在"经济、实用、舒适"的基础上,能给人带来心灵上的亲和。其设计简简单单,自自然然,却又蕴藏着一种幸福的生活态度,一种简单而深远的意味,如同禅意一样,给人一种精神寄托,能安抚人的低落情绪,给这个嘈杂的时代带来一丝清凉,让人在家里就能感受到一丝平静。借一丝禅意,让身心在忙碌的都市生活里有一处遵从内心的静谧归宿。褪去浮华,静坐一隅,在自己的小家里禅意地栖居。

(四)重视使用的亲和

使用的亲和是指在用户使用产品的过程中,产品的设计必须使其获得积极的心理感受,即一种"亲和感"。为了适应家庭的生活氛围,家居用品应该重视使用的亲和,让人们在日常生活中能使用自如、得心应手。

家居用品的使用亲和,主要体现在使用方式符合人们的习惯、容易操作、充满趣味、细节的精心处理、贴心的关怀等方面,最重要的是它能让使用者在使用的过程中感觉身心愉悦。

比如,宜家家居的成功就是抓住消费者的DIY动手体验心理,使操作方式充满乐趣和挑战,让消费者自己在DIY中体验到DIY创意的乐趣和成就感(图3-11)。宜家家居的台灯,就需要消费者自己进行重组。而2011红点概念奖的绣花针设计,从小细节入手,抓住平时人们在传统穿针过程中线对不着针眼的窘境进行了改良,为人们解决了生活中的小问题,是对人的贴心关怀与亲和(图3-12)。

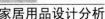

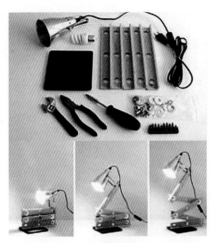

图 3-11　宜家家居用品之台灯

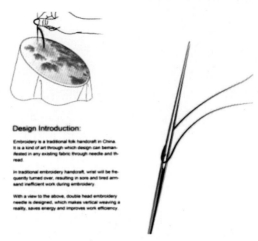

图 3-12　2011 红点概念奖:绣花针(心雷设计)

（五）注重生态的平衡

王德胜教授曾经这样解释过生态亲和观念:"它要求人类以亲近生命的方式,亲近地对待女神般美丽而充满生命活力的地球,在关注、尊重与热爱地球的过程中,倾情表达对于人与世界一体的生命存在的关注、尊重与热爱;它,在视生命为神圣存在的同时,让人以相亲相和的价值观点来对待世界……,人与世界的关系不再是某种'对象性'的存在,而成为一种'亲和性'的价值。"因此,在这里,注重生态的亲和,即家居用品的设计要从人—机—环境和谐相处的角度出发,要避免采用不可降解的材质,避免采用对人体有危害的材质,努力提高产品的品质,延长家居用品的生命周期,为人们诗意的栖居创造良好的生态环境。

为了确保家居产品长期对生态环境的亲和性,在设计时,我们可以从优化产品技术、优化产品生命周期、优化回收管理等几个方面入手(图 3-13)。

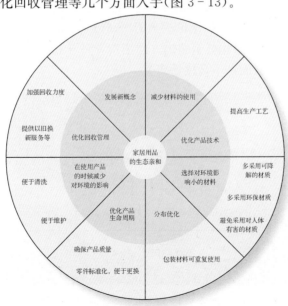

图 3-13　家居产品生态平衡的策略

五、家居用品设计的制约因素

家居用品的消费注重的是一种感觉,往往是非理性的,消费者可能说不出个所以然,但是就是喜欢某个物品,所以,家居用品的消费可能会受到消费者的年龄层次、消费水平、审美情趣、家庭背景、文化背景等的影响。同理,家居用品设计也会受到消费者个人认知、个人品位等的影响,其制约因素主要表现在以下四个方面:因人而异、因家庭而异、因文化而异、因审美情趣而异。

(一)因人而异

消费者是家居用品的使用主体,但是由于消费者具有生理上的差异、年龄层次的差异、个体内部认知的差异、个人喜好的差异等,所以不同的消费者对家居用品的色彩、材质、造型等的敏感程度不同,对家居用品的亲和敏感度自然也就有所偏差。比如,针对儿童来说,一方面由于他们正处在成长期,生理尺寸都比较小,身体稚嫩,自我保护意识尚不强,且不安分,总是喜欢折腾各种物品,很容易被一些具有边边角角的物品所擦伤;另一方面,儿童富有好奇心与求知欲,注意力比较容易分散。因此,家居用品的设计要综合考虑儿童的生理与心理因素,尺寸方面要符合儿童的生理,方便儿童使用,色彩方面可以采用鲜艳的色彩吸引儿童的视线,材质方面尽量采用不易摔碎的塑料、木材,避免使用易碎的玻璃等,形态方面可以采用仿生的形态或者卡通的表现手法,来获得儿童的亲近。

再者,随着全球人口老龄化的趋势,老年人越来越多,由于身体机能的退化,老年人一般腿脚不便,反应比较迟缓,适应能力也比较差,生活经常会遇到一些障碍。因此针对老年人来说,家居用品的设计应该根据老年人的身体特点,避免采用过于艳丽的颜色,避免采用边角多的造型,于细微处给老年人贴心的关怀。如世界三大剪刀制造商之一的费斯卡公司,专为握力不足的老年人设计了一款美妙绝伦的剪刀"Softouch Scissors"(图3-14),手柄部分采用柔软的材质,十分舒适,且采用弹簧装饰方便消费者打开和关闭剪刀,极具亲和力,使消费者使用起来得心应手,长时间都不会感觉疲劳。

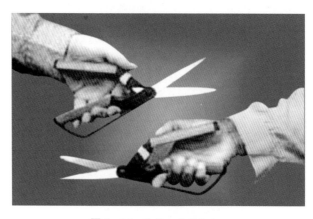

图3-14 Softouch Scissors

另外,对于年轻时尚的年轻人来说,年轻人追求时尚,喜欢彰显个性,但是又要面临房价

高、工作累、感情无寄托等各方面的压力。因此,针对年轻人来说,家居用品的设计在符合人机工程学的基础上,更要注重情感的亲和,以减少压力,舒缓心情。

(二)因家庭而异

一千个人眼中有一千个哈姆雷特,一千个家庭里也有一千种不同的幸福感。同样的,不同的家庭对家居用品的亲和感知度自然也不尽相同。比如书香门第的家庭,生活讲究格调,除了注重家居用品的舒适与实用,更注重其中蕴含着的清新雅致、高品质享受与文化韵味,因此家居用品的设计可以多采用传统的文化元素来体现其雅致,多采用自然的材质(木材、竹等)来体现其清新自然的气息;生活富裕的家庭,追求优雅高贵的生活品质,家居用品的设计,最好能融合古典气息与现代的时尚气息,将内敛与华丽集为一体,彰显主人的优雅、尊贵、大气;普通小家庭,不求富贵但求简单小幸福,则更加注重家居用品的经济、舒适、实用、简简单单、价格实惠、使用起来舒服就好。

因为家居用品与家庭息息相关、联系紧密,因此,对家庭的类型进行定性了解,能帮助我们更好地进行家居用品的亲和设计。家庭的分类极其复杂,如果按照FPC模型,根据家庭的组织职能、家庭的状况(家庭成员的健康状况、收入等)、家庭的社会背景(比如文化环境和信仰)等将家庭分为四大类:组织职能强大家庭状况良好的家庭,组织职能弱、家庭状况差的家庭,还有处于二者之间的家庭状况良好但是组织职能弱的家庭,组织职能强大但是家庭状况差的家庭。

如果按照家庭生命周期来划分,又可以分为单身家庭、三口之家、多代家庭、空巢家庭等。在实际设计中,我们既要考虑家庭的组织职能、家庭状况、家庭社会背景,又要考虑家庭的生命周期,从中得出不同家庭眼中的亲和意向词汇,如此,方能设计出符合众多家庭期望的产品(图3-15)。

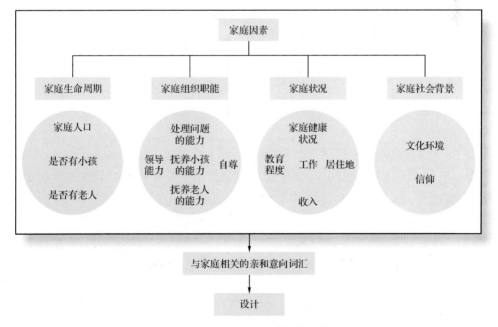

图3-15 针对因家庭而异的策略

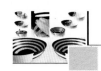

（三）因文化而异

家居用品设计与文化关系紧密，一方面，家居用品把民族的文化传承给后代和传播到全世界，是文化的载体；另一方面，文化是家居用品内涵的延伸，可以使产品极具亲和力，富有生命力，吸引消费者的亲近。但是，由于历史背景和地理位置等时空因素的影响，不同国家或民族在人文背景、文化传统、风俗习惯、生活方式、饮食习惯等文化因素方面存在着差异，而这些文化差异或多或少都影响消费者的购买行为，且制约着家居用品的亲和设计。

以色彩为例，绿色是生命、休息和抚慰的象征，在中国、意大利等国家深受喜欢，但日本人却认为绿色是不吉利的象征，因此面向日本的家居用品在设计中要慎用绿色；以图案为例，中国自古以来把兰花视作高洁、典雅的象征，家居用品的设计中也经常采用兰花图案来给家居环境增添一份幽雅，但是意大利却忌用兰花图案；以饮食习惯为例，中国人惯用筷子，而西方国家则习惯用刀叉，从而使得中西方的桌面餐具造型有所出入；尺寸方面，亚洲地区的人体尺寸普遍比欧美地区的人体尺寸偏小，反映到产品的造型上，其造型要比较小巧一点，如办公桌上的鼠标；生活观念方面，西方国家崇尚自由、富有冒险进取精神，多具有独立的性格，家居用品的设计追求浪漫和奔放，比较能凸显其独特的个性与独立风范，而中国谦虚内敛，家居用品的设计风格比较含蓄。

随着全球化的趋势，家居用品逐步进入国际化行列，其他国家的家居品牌也开始进入中国市场，比如宜家、MUJI 等，中国家居品牌要在国内市场占据有利位置或者进军国际市场，必须拓宽视野，加深对传统文化的了解，同时也要研究各国的文化特征，如此方能把握消费者的消费文化和心理特征，设计出极具亲和力的家居用品，为从中国制造转变为中国设计创造有利条件。

（四）因审美情趣而异

所谓审美情趣，是指审美主体在审美实践活动中表现出来的情感倾向性，比如喜欢什么、不喜欢什么的个人主观偏好。由于审美情趣受到周围生活环境、社会条件、文化教养、个人认知等因素的制约，所以，人们面对同一款家居用品，可能会产生不同的情感反应，做出不同的审美判断。

不同的审美主体可能有着不同的审美情趣，比如文人雅士大多喜欢造型雅致、古朴自然的家居用品；官场人士比较注重风水，因此家居用品多采用一些比较吉利的图案与元素，比如桌面上经常摆放一些竹制产品，寓意"节节高升"；商务人士大多喜欢复古、简约的家居用品；时尚一族大多喜欢外观靓丽、精美有趣的家居用品；平民百姓喜欢经济实惠、简简单单的家居用品。

当然，同一个审美主体在不同的时期，随着年龄的增长、阅历的丰富、环境的变化等也会产生不同的审美情趣。比如孩童时期喜欢色彩绚丽、造型可爱的家居用品，青年时期喜欢时尚、充满现代感的家居用品，中年时期喜欢简约、稳、内敛一点的家居用品，老年时期偏爱恬淡、朴素、简单一点的家居用品。正所谓萝卜青菜各有所爱，有人喜欢低调的、有人喜欢张扬

第三章
家居用品设计分析

的、也有人喜欢朴素的,虽然审美情趣因人而异,因时而异,但是审美主体对家的追求、对亲情的渴望都是一致的。因此,家居用品的亲和设计要把握好亲情的魅力,让家充满温馨与舒适。

六、家居用品设计的策略分析

尽管家居用品设计因人而异、因家庭而异、因文化而异、因审美情趣而异,但是家永远是那温馨、团圆、不动的起点,家居用品作为家庭生活的一部分,只要散发着浓浓的、恬淡温馨的生活气息,即具有家的气息,就能吸引人们的亲近,得到人们的青睐。

(一)注重用户的感官愉悦

感官,泛指人类和动物感知外界刺激的器官或者身体内部的感官神经。就人类而言,感官是指外界事物刺激眼、耳、鼻、舌、身体皮肤时产生的视觉、听觉、嗅觉、味觉和触觉,而这些感觉是人类认知和感受世界的主要途径,缩短了人与物的距离。感官愉悦是指美感的直觉性,强调家居用品进入人们的视野后,给人们的直观感受。它可以让人们身心放松、心情愉悦,对家的依恋更直观、更加生动。因此,在家居用品的亲和设计中,我们要注重用户的感官愉悦,充分考虑感官要素的参与,合理利用视觉、听觉、触觉、嗅觉和味觉(图3-16)。从视觉层面愉悦人的心弦,从听觉层面打动人的心弦,从触觉层面触动人的心窝,从嗅觉层面诱惑人的心灵,从味觉层面温暖人的心房,让人们通过"看、听、触、嗅、品"五个感官系统,来体验家居用品设计。

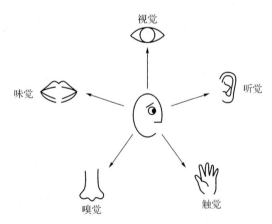

图3-16 感官要素的参与

一般而言,人们对家居用品的认知首先从视觉开始。通过视觉,人们感知家居用品的外观,比如造型、大小、色彩、材质等,并且对家居用品的外观形成初步印象。初步印象不一定总是正确的,但却是比较鲜明、比较持久的,并影响着人们的消费行为与心理感受。因此,作为一款亲和的家居用品,它应该在视觉上先声夺人,或以有趣、美观的造型,或以舒适宜人的色彩,或以有质感的、舒适的材质,巧妙利用灯光的衬托效果,给人们带来美的享受,让人们

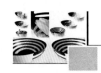

能一见倾心,在满目愉色间感受家的温暖。但是不同的消费群体,对美的欣赏能力与对生活品质的要求是有所差别的,反映到对家居桌面的色彩、形态、材质等视觉要素的接受方面,就会有所出入。因此家居用品的设计要根据不同的消费群体选择相应的色彩、造型与装饰等,使之能符合消费者的审美,且能与家居环境相和谐。

声音是情绪的帘幕。心情不好的时候,人们通过言语与他人诉说心事,有助于缓解压力;心烦意乱的时候,人们听见悦耳动听的音乐就会感觉平静。声音以它特殊的魅力存在于人们周围,无时无刻不在影响着人们的生活,也慢慢融入到家居用品设计中,比如电水壶烧开水时发出的鸣叫声,及时告知用户水已经烧好,给用户带来一种安全感;打火机打开机盖和点火时发出的清脆悦耳的声音标志着一次完美的点烟,有助于塑造阳刚、利落的产品形象,同时还可以愉悦用户的身心。因此,在家居用品的设计中,要把握好声音的魅力给人们带来流畅的人机交互和愉悦的使用体验(图 3-17)。

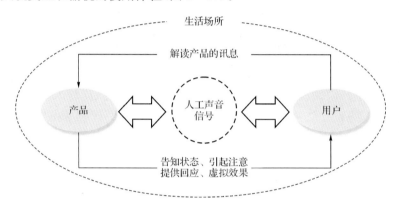

图 3-17　声音在产品中的应用

触觉,是指人们通过触摸事物而接收到的事物表面信息,比如材料的质感、表面的肌理等,它传达给人们的是更加细腻和真实的感受。因此,对于家居用品的亲和设计而言,在考虑外观的同时,还需要充分考虑用户接触家居用品时的触感,合理使用材质,让用户用手去感受家居用品的人文关怀,用心去体会其传达出的细腻情感。比如,用户经常接触到的把手部分(比如茶壶的把手、剪刀的把手),形态要符合用户的手感和使用习惯,材质要尽量采用橡胶,具有弹性,可以让用户感到舒适,另外还要考虑那些抓握物体困难或握力较小的用户的情况。

嗅觉,是嗅感受器接触到外界气味而产生的感觉。心理学研究表明,芳香的气味可以使人心情舒畅、身心放松、有利于集中精神。将此运用到家居用品设计中,可以在家居桌面上摆上一个花瓶,插上几束鲜花,或者摆上几盆盆栽,让整个桌面都散发出自然的气息,给整个家都带来阵阵芳香,充分调动人们的感官感受,缓解人们的紧张心情(图 3-18)。桌面花瓶的加入,既给人们带来视觉上的愉悦感,也让人们在阵阵清香中感受家的味道。

图3－18　桌面花瓶

味觉,一般意义而言,是指味道,包括酸味、甜味、苦味、辣味、咸味等,也可以指抽象的情味、意味,并不是靠味觉器官去感受,而是靠心灵去触摸的。比如家的味道,无法言传,它可以是爸爸戒不掉的烟,也可以是妈妈亲手做的菜肴,无论哪一种味道,家都是那么的温暖和幸福。家居用品的设计中,可以通过色彩、材质、功能等的合理使用、细节的人文关怀、高品质的质量等体现其不一般的味道和品质,可以通过与家居环境的融合体现家的感觉,促进家人之间的交流和沟通,让人感受亲情的温暖,从而让用户倍感亲和。

综上所述,视觉、听觉、触觉、嗅觉和味觉的合理应用,能给用户带来多维的感官感受和心理体验,让家居用品更加人性化,更具亲和感,让人感受家的温暖。

(二)重视产品的内涵延伸

内涵,在《现代汉语词典》中,有两种解释:第一种解释是指内在的涵养,第二种解释是指概念中所反映的事物的特有属性,事物的特有属性是客观存在的,它本身并不是内涵;只有当它反映到概念之中成为思想内容时,才是内涵。在这里,家居用品的内涵指的是产品内在的涵养,是通过产品的色彩、材质、造型、功能等所反映出的良好品质与独特魅力,是用户在使用过程中感受的贴心关怀。

通常,有内涵的人更能博得他人的欣赏与喜爱。推出同理,光有一个绚丽的外观造型,虚有其表而无内涵的家居用品,缺少人情味和竞争力,经不起市场的推敲;外观靓丽而又有内涵的家居用品,经得起市场的冲击,更能吸引消费者的亲近,获得消费者的青睐。因此,家居用品的亲和设计需要重视产品的内涵延伸。延伸家居用品的内涵,即通过融入传统文化元素、改良创新、趣味设计、拟人手法等手段来提升家居用品的品质,使家居用品具有文化底蕴、人文关怀、情趣等内涵,不用特别去说明,就可以拉近消费者和产品之间的距离,增强家居用品的感染力和亲和力。比如,Frog设计公司推出的一款儿童鼠标器(图3－19),诙谐有趣,逗人喜爱,使本身没有生命的鼠标顿时具有了幽默式内涵,让小孩有一种亲近感,爱不释手。又如,阿莱西于2005年推出的秋冬系列产品(图3－20),采用日常的扑克牌元素,以及生动的人物造型,让产品具有人的微笑式内涵,极具亲和力。

图 3-19　儿童鼠标器

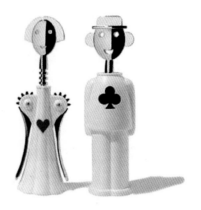

图 3-20　开瓶器

（三）激发人们的情感共鸣

将情感元素融入家居用品的设计中，家居用品就不再仅仅是单纯的物质外壳，它就具有了人的内涵、情感、生命力以及故事感，吸引用户去感受人的喜怒哀乐、去感受大自然的生机勃勃，去感受故事里的事，让用户得到某种精神或情感的体验，产生某种情感共鸣。"情同而亲和，亲和而事业之"，进而提升家居用品的亲和力，缓解人们的精神压力。

如果把情感按时态划分成过去、现在和将来，那么，亲和力可能是怀旧的（缅怀过去，比如逝去的时光、旧物等），也可以是明确的（让人们有归属感，比如家的归属感、属于某个团队或组织的归属感），甚至可能是有抱负的（人们的期望或者想成为什么样的人）。情感的这三个时态能够帮助我们更好地把握好家居用品的亲和设计（图 3-21）。

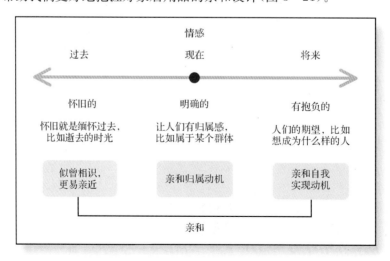

图 3-21　情感和亲和设计的关系

家应该是带有回忆的，越是久远的东西越能撩拨人心灵深处的情感。有些事物即使消失了，也会扎根于人们记忆深处，比如打苍蝇、扑蝴蝶、爬树、钓鱼等，花些心思，将这些逐渐消失的记忆元素应用到家居用品中（图 3-22），让人感觉产生一种似曾相识的熟悉感，顿时倍感亲切,产品虽然简单,但是细细品味之下也是一种乐趣。

这些元素的应用,其实是利用了人们的怀旧情感。怀旧能让人反思过去,保持内心的强大,给人以舒适、亲切、安慰、安全感等,成为人内心的庇护所。又如,唐装、青花瓷等中国传统文化元素在茶具、杯子等家居用品中的应用(图3-23),其实也是一种怀旧,它让家居用品看起来特别熟悉亲切,深受广大消费者的欢迎。

图3-22 MR.P 杯

图3-23 唐装元素在家居用品中的应用

情感的现在时,其亲和力主要体现在让人们有归属的感觉。众所周知,每个人都迫切希望有所"归属",否则会感到孤独、异化和无所依恃。拿都打火机来说,为什么它会深受广大消费者的喜爱呢?除了它精巧的设计能给人带来美的享受,更重要的是它让消费者在使用打火机的时候,觉得自己是属于"品味男人"这个圈子中的一员,是属于香烟爱好者中的一员,从而找到一种同类的归属感。

情感的将来时,其亲和力主要体现在有理想、有抱负,这种类型的亲和力让人们期望将来想成为什么样的人,想过什么样的生活,有助于人们完善自我形象。一方面人们希望摆放于家中的产品能得到他人对自己的品位的认可与赞同;另一方面,人们希望家居用品的供应商能提供更多的贴心服务和个性服务,来使将来的生活变得更加美好。

由此可见,情感可以连接过去、现在、将来,贯穿整个时间线,给人们带来亲和感。因此,家居用品的亲和设计要紧扣情感主线,凸显产品的亲和力。

(四)考虑空间的合理利用

家居用品的亲和力,不单纯是绿色环保的材料,符合人体工程学的产品设计,温暖的灯光等带给我们身体和心理的舒适,也包括产品的摆设带给我们的空间美感,以及与整体家居环境协调统一的和谐美感。

家居用品的种类繁多,尤其是书桌、办公桌、厨房的产品既包罗万象又十分小巧,比如桌面上的回形针、绣花针、冰针、放大镜、各种各样的笔、打火机、插头等,厨房的刀叉、盘子、筷子、刀具、调味盒等,如果都随意地摆放在有限制的空间,一方面会使整个空间缺乏美感,让人感觉压抑,另一方面,很难方便人们找到想要的产品,而人们在找不到想使用的产品时会心烦意乱、心乱如麻。因此,让人们在有限的空间里快速找到所需要的产品,让整个家居空

间显得清爽利落,也是家居用品亲和设计需要考虑的部分。

空间的合理利用,要充分发挥收纳作用,让家居用品摆放得整整齐齐,既不会让人们觉得压抑,也不会让人们觉得空空荡荡。比如设计师 Adrian Wright 和 Jeremy Wright 所设计的 BURO 桌面收纳套件(图 3 - 24)将桌面上放着的各种办公用品,比如订书机、打孔机、电脑周边产品等,设计成尺寸大小相当的套系产品,让产品摆放得整齐又有型,让桌面不再凌乱,给用户带来好心情,提高工作效率。

图 3 - 24　BURO 桌面收纳套件

另外,可以采用折叠、功能组合等手段来进行产品的设计,比如折叠式台灯、瑞士军刀等,给家居空间减压,保持空间的美感。

(五)重视产品的服务价值

诺曼在《系统化思考:产品不只是产品》一文中这样说:产品实际上是一个服务,虽然设计师、制造商、分销商和卖方可以认为它是一个产品,但是对于买家来说,它提供了一个宝贵的服务,比如摄像机虽然被认为是一种产品,其真正的价值是它给主人提供回忆,音乐播放器给用户提供听音乐的服务。同样的,家居用品在日常生活中也给人们提供这样或者那样的生活服务,其价值在于给主人营造了一个温馨的家庭氛围。因此,在产品越来越同质化的今天,我们在重视家居用品本身的设计时,也要重视产品的服务,让消费者在使用产品的过程中感受到家居供应商的贴心关怀以及亲情服务的亲和力。比如目前市场上开始流行的个性杯子定制服务,根据用户提供的家庭合照、婚纱照、情侣照、个人照片等,设计独一无二的杯子,给消费者提供了彰显个性、秀出自我的服务,让人们倍感贴心关怀。

另外,可以从生态亲和的角度出发,提供绿色兑换的产品服务,即将某些废弃的家居用品进行回收,并对用户实行一定奖励(可以是绿色积分奖励,当积分到一定分数时用户可以领取小盆栽或者新的家居用品),一方面可以为消费者开源节支,另一方面可以旧物利用,减少对环境的污染。既是对人的亲和,又是对环境的亲和。

(六)关注交互的新体验及应用

随着交互技术的发展,家居用品中交互设计的应用趋势也逐渐呈上升状。比如"Just Draw It"智能开关(图 3 - 25),改变以往的操作方式,引入交互技术应用,让用户可以通过手绘在面板的时间表上随意涂画黑线，即可轻松设定电器的工作时间。它在给人们带来操作的便利、使用的亲和之外，还可以让人们通过手绘，找回童年涂鸦的乐趣。又如，三位挪威设计师共同合作设计的花瓣灯（Lull Flower Lamp）（图3-25），内置时间设定功能，可以让用户根据自己的生活习惯和生物钟调整闭合时间，到晚上睡觉之时，它就会自动地缓慢关闭；到早上起床的时间，它又会自动慢慢开启，用温暖的灯光唤醒用户。

图3-25　"Just Draw It"智能开关　　　　　图3-26　花瓣灯（Lull Flower Lamp）

　　因此，在家居用品的亲和设计中，在保证家居用品简单实用的基础上，从用户的生活行为、生活习惯出发，确定用户的切实需求，合理利用交互技术，可以打破以往家居用品单一的操作方式，使家居产品具有良好的辨识性，能充分调动用户的操作积极性，拉近用户与产品的距离，给用户带来更好的情感体验。

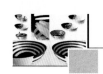

情感化家居用品设计方法分析

人是有情感的社会群体。现代产品设计是一种深入人心的人的造物活动。产品发展到现在,不再是一种单纯的物质的形态,不能够看做是单纯的一种物的表象,而应当看做是与人交流的媒介。所以设计师应当把产品当做"人"来看待,当做人类的朋友,设计师要能够从使用者的心理角度出发和考虑,让产品在心理上谋合人们的欲望,情感上满足人们的需求。

情感往往被看做是一种人与人之间的行为,但是在物质生活日益丰富的今天,依情论点的出现,让我们得知,人与物质是可以产生感情的,并可以把这种情感覆盖在人类的行为活动中,将情感赋予产品,让产品具有"人的情感"。

自从机器大生产成为历史的现实以后,随着劳动分工的分层和异化,产品的设计与产品的生产两个过程相分离,丧失了丰富情感内容的产品越来越多,更多地表现为一种枯燥无味的"有用性"。本能的愉悦感是人们在使用产品时所希望拥有的,它们存在于自然给人愉悦的物体中。在家居用品设计中,我们更要把情感因素作为设计的一个重要出发点,让人们能拥有愉悦和舒适的心情去使用家居用品,设计师无法分担他人的任务与压力,但却可以给使用者带来额外的快乐。

情感设计的范围很广泛,凡是可以触动人们心灵的,或产生愉悦情感、或引发思考的种种设计理念,都可以被认为是情感设计的部分,情感设计主要就是要对使用者产生一种人文关怀,是设计师通过设计物与使用者进行的心灵沟通。

一、情感和情绪分析

人拥有丰富的感情,情感在我们的生活中扮演了非常重要的角色,自睁开双眼,愉快与不愉快的感受便不断涌现心中。伴随着我们的成长,我们在生活中有着各种各样的情感和情绪,如愉快、信任、感激、庆幸等正向情感以及痛苦、鄙视、仇恨、嫉妒等负向情感。情感与我们息息相关,影响着我们的生活和设计。

（一）情感概述

美国设计师卡里姆曾说："你呆在计算机屏幕前的时间越长，你的咖啡杯的外观就显得越重要。"这句名言形象地揭示了产品与人的情感之间的关系。人是有情感的，人在生活中，随时随地都会发生喜怒哀乐等情感的起伏变化，人的一切活动都带有情感的印迹。情感像是染色剂，使人的生活染上各种各样的色彩；情感又似催化剂，使人的活动加速或减速地进行。积极的情感使人充满生机，消极的情感使人心灰意冷。如果设计师站在人的角度进行设计，使产品这个物的形态具有人的情感，就能促进人与产品的交流和沟通，使产品从情感上打动消费者，为其带来美好的体验。产品在很多时候不能仅仅看成是一种单纯的物质形态，而更多的应该是设计师和大众情感交流的信息载体。

（二）情绪和情感

情绪是人的心理主观表现，影响着人们方方面面行为表现，情绪是人类情感的主观意识体验，具有明确的对象和原因。比如对祖国、家乡怀有深刻的情感，这种情感是一种温暖的、依恋的、复杂的、难以言表的感觉，而因为等车时间太长所产生的焦躁不安的感觉便是情绪。情绪一方面是一种先天、本能的反映，比如累了的会有焦虑感觉或看到奇异事物时的好奇感；另一方面又是机体在社会环境中特别是人际交往中发展形成的，具有很强的社会性，例如看到违背道德的事件时的愤怒感，或看到朋友遭遇不幸时的痛苦感。

《心理学大辞典》中认为："情感是人对客观事物是否满足自己的需要而产生的态度体验"。同时一般的普通心理学课程中还认为："情绪和情感都是人对客观事物所持的态度体验，只是情绪更倾向于个体基本需求欲望上的态度体验，而情感则更倾向于社会需求欲望上的态度体验"。

（三）情绪的作用

情绪是人类心理活动中一种多功能、多属性、多成分的复杂现象，心理学家认为对任何一种情绪都难以从某一单一侧面或行为认识测量它。目前心理学家较普遍认为的情绪的基本作用和属性包括：

1. 适应作用

人类最初为了生存而发展出的"感情性"反应，即斗争、追逐逃跑、哺育和性这些本能反应是后来发展为怒、怕、爱等基本情绪的雏形，因而，情绪的产生是人类与外界环境的交互、适应生存的产物和手段。具体而言，愤怒帮助先民在追捕和搏斗中战胜对手；兴奋和好奇使他们认识和探索环境；恐惧和震惊的情绪使他们集中注意力，躲避危险，发现猎物。现代人类具有的多种单一和复合情绪都有不同的适应作用。

2. 驱动作用

人的生理需要会产生某种内驱力，而内驱力的信号通过情绪这一心理得到放大。比如人干渴的时候，这种生理上的需要为人体提供了信号，驱动人们去找水，此时感觉口渴并不会立即导致机体衰竭，但口渴产生的情绪却使人难忍而积极找水。因此，情绪会比生理节律更加灵活和容易被调动起来，它可以不受时间、地点的严格限制，换句话说，按照人的生理节奏,人体应以固定的周期补充水分,但按照人的情感性反应,人对水(饮料)的需要却不见得总与生理节律相一致。这一点也解释了情感设计的核心,即通过人们的某种单一或复合的情感性反应,放大人们的某种内在需要,甚至是潜在需要,从而调动能量,采取或积极或消极的行为。

这是设计商业价值产生的基本立足点。马斯洛的关于人的"需要层次"理论告诉我们,人具有从低至高的不同层次的各类需要。其中基本需要是生理需要和安全需要,它们是最强烈首要的需要。但是人不同于动物的,却是超出于基本需要的需要,例如社会归属、需要、审美、爱和被爱,以及自我实现的需要。商品社会中商品是过剩的,它们远超出用户的基本需要,如何发掘驱使人们认识到新的需要,驱使其购买消费,这就需要"情绪驱动"。

3. 组织作用

情绪是独立于知觉和意志的一种独立的心理过程,它有时是有意识的,即经过辨别判断后产生的;也有潜意识的,并且多数是潜意识的,即在人们能意识到之前便已产生的,如同人闻到香味时本能地深吸一口气。因此,情绪除了能调节人的意志,还能影响和调节认知过程,即情绪对认知加工的组织作用。心理学者认为情绪和情感是一种侦察或判断机构,它所构成的一时心理状态或者恒常心理状态,都能影响知觉对信息的选择、监视信息的流动,推动或干涉问题的决策、行为的发生。比如,我们感到心情良好时思维更加敏捷,解决问题的灵活性和速度都有所提高;而突如其来的强烈情绪(如恐惧)能使我们瞬时集中注意力,中断其他思维加工活动,专注于某一对象,甚至不断重复错误的行为;而当心情郁闷的时候,则思维阻塞,行为迟缓,这就是情绪、情感对认知和行为的组织作用。

4. 通讯作用

情绪的最后一项作用即通讯交流的职能。情绪通过外部方式,如人的表情、身体的动作、言语的声调传递着人们的情感。并且,人们相互传递的情感形成了弥漫于外界环境中的整体氛围,例如竞技赛场中每个个体兴奋、激昂的情绪相互感染,使整个环境周围形成热烈、激动的氛围;图书馆中的读者都宁静、平和,这种情绪相互感染形成了整个环境宁静的氛围。

(四)情绪的维度

各种各样的情绪能对人的信息处理有着不同的影响。像产品造型的"新颖感"是影响情绪唤醒度的重要因素,体现为概念车或造型差异较大的车型(例如赛车)更易于使人感觉兴奋。近期的研究还证明:人们在正面情绪下比负面情绪下更容易接受言语指导,更容易做帮助别人的事情,对人态度更友善,与人交往更主动,探索事物更积极,容忍挫折的能力更强。

不同的情绪能对人的认知和行为起到不同作用,可以成为设计师进行"情感设计"的基本依据,即我们如何通过设计使人们产生某种情绪体验,从而服务于最终的目的性。

1. 着重于实用功能的产品或环境

对于着重于实用功能的产品或环境,应使之带给人们正面的情绪体验,它们应使人感觉快乐放松。人们的唤醒度与新异刺激呈正比,新异刺激越强,则唤醒度越高;一定条件下,新异刺激越强,愉快感上升;超出一定条件的过强刺激会引起愉快度下降。因此对于多数需要长期持有和使用的物品,其所携带的新异刺激不应过度。我们可以将使人们体验适度正面情绪的设计的基本特征归纳为造型对称、均衡、形体简洁、色彩有规律且不失变化,同时有一

定的辨识度。

2.既注重实用功能,但此功能并非被唯一重视的产品或环境

对于既注重实用功能,但实用功能并非用户唯一重视的因素的产品或环境,例如电子产品、灯具、小型家用电器等产品及游乐场所等,在此类设计中,新异刺激的强度范围虽然可以适当放宽,但整体效果仍不可过度,要适当把握好这个度。

3.无过多实用功能的产品或环境

对于无过多实用功能,以交流、宣传、传递信息和理念或提供不同体验为主要目的的环境、产品或其他设计,则应该根据不同的目的性加以区别对待。过量的新异刺激往往能提高个体的唤醒度(注意力),伴随着兴奋、好奇等正面情绪和惧怕、逃避等负面情绪,心理学研究表明,快乐常为紧张后的放松情绪,因此,越强烈的刺激(紧张)后产生的放松也就能使人的快乐体验越强烈,这就是各种以冒险为核心的游戏(行为)吸引人的根源(图4-1)。不同个体对此的承受能力不同,体验也存在差异,对一般青壮年人而言,得知最终无负面后果的新异刺激能放大其兴奋、好奇的正面情绪。

图4-1 过山车

二、设计情感分析

(一)设计情感的特殊性

设计是实用艺术的设计,能够使用是首要的目标,同时要实现情感的表达和传递以及设计师在设计的时候选择了适当"产品情感符号"形式。例如,一件昂贵的家具,如果其造型使人产生的情感却是亲切而朴实,这可能就不大适合了;而面向青年人的设计却使人产生平静、稳重、庄严的情感体验,显然也是不适宜的表达。

设计中的情感是一种综合性、交互性的情感体验,很大程度来自交互情境中人—物—环境之间的相互作用,我们可以称之为人与物互动中的情感体验。它具有动态、随机、情境性的特点。但它设计情感中的地位很重要,像几年前V70手机(图4-2),它是由摩托罗拉公司推出的产品,初一看来,没有什么突出之处,它的使用方式在于翻盖方式从简单的"翻开"变为了转圈圈,虽然从实用性来看没什么,但是却提供了一种全新的、不同寻常的使用方式。

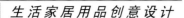

图 4 - 2   摩托罗拉手机 V70

（二）设计情感的层次性

心理学家诺曼认为本能水平的情感处于意识之前，未经用户的思维参与而自己产生，因此，他认为主要是对应物品的外观，但是我们联想到那些以一定符号、意味、文化背景打动观众的设计作品，又怎能单纯地将外形对应于不需思维参与本能水平的情感上。同样，诺曼认为，行为水平的情感对应于产品使用时的感受，包括了使用的可用性、效率、性能等，但它同样也是无意识参与的情感。然而我们发现有时产品使用的乐趣也可能来自使用者因行为获得尊重和认同的体验（例如金牌的获得者，演奏钢琴的音乐家），这便等同于诺曼所说的第三层次，"个人满意"和"自我形象"的情感体验。

因此，在诺曼划分的基础上，我们进一步将其描述为感官、效能和理解。其中感官主要是"本能水平"上的情感体验，但并不仅对应于"设计的外形"，它包括一切通过感官刺激的方式激发个体情感（情绪）体验的设计；其次，"效能"层面只涉及"效率"、"有效性"等实用要素，而不过多涉及其他"使用的乐趣"；而所谓"将使用产品作为游戏的乐趣"则被归为第三个层面，需要用户思维参与的层面，即"理解层面"。

1. 感官层面

感官层面的情感是人天生就有的本能。虽然在感官层面上所激发的情感多为低级的人的情感，但却是最为快速并且最有效的。这些设计的情感激发最为直观，效果也最为明显，易于被一般大众所理解和接受，一般有产品的形状和色彩，以及它们的表现形式，或是恐怖惊吓，激发你内心最原始的恐惧感等。

2. 效能层面

这一层面上的设计情感即物品的可用性带给人们情感的体验。效能层面的情感的核心在于人对物的控制和驾驭，但在不同阶段，人们的体验并不相同。效能所带来的情感体验，人们感受于高效率带给人们的快感，像锋利的宝剑可以快刀斩乱麻，高科技产品带来的是高效率。

3. 反思层面

这一层面即人对产品信息的认识分析与理解。作为符号和象征的物，能传递消费者的各种信息，像职业、身份、爱好、人生观、生活习性。比如手机的基本使用功能是通话，但我们

能通过手机感知此人的身份、阶层、职业等方面的信息,这时物品就在反映这个人的品味,它能使主人和他人都产生相应的情感体验。像手表,单纯把它们当作掌握时间的工具,可能设计算不上优秀,但是它可以有新颖的、趣味的、艺术方面的情感。艺术及其他方面的附加价值会给人带来更多的体验和可能。产品是为了使用而生的,可用性是基本指标,但是高层次的需求,基本需求以外更多的其他需求才是更重要的,需要我们去挖掘和设计。像人机交互中传递的艺术和文化等,成了产品的主要而不可缺失的部分。像中国的茶道和茶具,泡茶的文化和意境,泡茶的过程,远远超出了解渴的需要。又如叙事原本是一个文学词汇,叙述事件的经过,以及讲述相关文化产品的思想。设计的叙事性反映于设计作品为物品在整个生命周期中获得的传奇和故事,例如电影《罗马假日》中的踏板摩托车,最初也许它只是一辆简单纯粹的踏板摩托车(图4-3),而当它作为著名电影《罗马假日》中经典道具之一,被加载了浪漫的爱情故事之后,再次解读这件设计作品,那些熟悉这一背景的人就能获得其他异常丰富的信息。举世闻名的香奈儿5号香水也是如此,它和玛丽莲·梦露——这位传奇美女的故事融合在了一起,从而给人以遐想的空间。

图4-3 伟士牌踏板摩托车

(三)感性的概念与感性工学

感性是什么?在艺术和设计的领域,感性是给众多艺术家、设计师带来创作欲望、灵感和力量的最重要因素之一。"感性"通常与"理性"相对,这两个概念最早是在西方哲学体系的认识论中提出的。1750年,德国哲学家 Alexander Gottlieb Baumgarten 在他的著作《美学》一书中提出了"美学"这一概念,并将其定义为"感性的认识之学",主张以理性的"论证思维"来处理非理性富于变化的"情感知觉"。从哲学的角度讲,人对事物的认识首先是感性的,感性认识是基于事物表面现象的认识,主要是通过人的感觉器官对客观事物进行感知。感性的研究目的是寻找存在于人类行为之下的情感结构,而这个结构被定义为个人的感性。

感性工学中的感性可以理解为消费者对某一件产品所产生的感觉、感知、认知、感情和表达等一系列信息的处理过程。简单说就是产品带给消费者的心理感受与意象,它集中在产品的情感方面,而不是产品的质量或功能方面。当消费者发现某种产品和他的预期或对

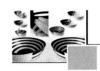

产品的意象相符合或超出其预期时，就会对该产品非常满意而乐于购买。感性自始至终都以人的各种感觉和心理为中心，从而使产品设计由单纯的物的意义上升到物与人的互动交流的范畴。

感性工学主要是在以下背景作用下开始形成的。在"以制造为导向、以产品为中心"的生产设计理念逐步向"以市场为导向、以消费者为中心"的理念转化。

在过去的二十多年中，随着人们生活标准的不断提高，人们对周围产品的要求也不断提高，只关注产品本身的外部造型、内部功能以及技术要素是远远不够的，还需要顺应"人性化设计"的趋势。

同时，随着心理学、神经科学、认知科学等的发展和成熟，逐渐形成了人类精神活动与脑科学日益交融的趋势。这些学科的发展使感性工学应运而生。感性工学是感性与工学相结合的技术，主要通过分析人的感性来设计产品，依据人的喜好来制造产品，属于工学的一个新分支。可以说，感性工学是从设计的角度，联合相关学科建立研究的一种尝试。感性工学以一个崭新的视角去分析产品和消费群体之间的关系，使设计尽可能地去提炼消费者的真实感受，真正做到"设计以人为本"。

感性工学就是把消费者对产品所产生的感觉或意象转化成设计要素的一种技术、理论与方法。这些设计要素是符合消费者真正需要的产品的属性，主要包含产品的造型、色彩、材质、尺寸等会影响消费者心理感受的因素。其目的是让消费者使用产品时，能达到身心和谐的境界。换句话说，感性工学以消费者的情感反应与认知作为研究的基础，把人们对'物'（如已有产品、数字或虚拟产品）的"感性意象"定量、半定量或定性地表达出来，并把其转化为产品的设计特性，使产品能够体现出人的直观感受并符合人的感觉期望。它的意义在于将过去定为难以量化、只能定性的、非理性、无逻辑可言的感性反应，运用现代计算机技术加以量化，来发展新一代的设计技术和产品。像苹果的 iPhone 手机（图 4－4），就是一个让人们一见钟情的产品，它激发了人们强烈的情感，使人们产生拥有它、把玩它的欲望，反而忽视了其他方面的不足，成为了手机领域划时代的产品。

图 4－4　iPhone 手机

人们看到一个事物,首先是本能的和感性的认识,即事物表面形态现象的认识,在人视觉、听觉等器官下对客观存在的事物进行感知。特别是常用的家居产品,感性力量很重要,已经成为现代社会产品设计不可忽视的力量。

三、产品情感的挖掘方法

情境思维很重要,现在的消费者往往购买的不仅仅是产品的本身,而是产品给他带来的感觉,人们希望在使用产品时会进入某种情境。他们认为没有"情"的产品,不是好的产品。当产品有了情,就超出了一个简单的产品形态,有了更多的内涵、更多的思想。同时产品还要有"境",使用产品的时候,能够回忆起某个时候的某个场景,触动人们内心深处的情怀。

(一)从大自然挖掘情感

"人法天地,地法天,天法道,道法自然",中国人崇尚自然,将自然作为心灵的寄托和归依,另一方面,中国人推崇自然纯朴,爱"天然"而忌"雕饰"。

德国著名设计大师路易吉·科拉尼也曾说:"设计的基础应来自诞生于大自然的生命所呈现的真理之中。"由此可见,自然情感是人类最重要、最原始的情感。自然界是个生机勃勃的世界,除了我们人类,还生活着 150 多万种动物、40 多万种植物和 10 多万种微生物,人类进化只有 500 万年的历史,而生命进化已经历了 35 亿年的历史,根据达尔文物种进化论的观点,自然界中的万物之所以能够生存、繁衍,体现了适者生存的法则,这是客观事物的发展规律。

现代家居产品的材质应更加注重自然和环保,充分跟大自然结合,以满足人们渴望亲近自然,享受健康生活的情感需求。自然材质往往能够适应周围自然环境的变化,贴近人们的生活,对于人的舒适感以致视觉、心理上的亲切和谐感均影响深远。

(二)从人的生活情境出发

我们生活中存在着各式各样的情景,我们对新生命降临的期待,我们结婚时的兴奋和欣喜,我们看球时的激动狂欢,都是我们真实生活的写照。触景生情,很多文学作品都是在特定的情景下有感而发的。人逃不出所处的情境,我们的设计也是一样。研究人们日常的各种生活情境,有助于我们发现人的某些情感需求。我们生活在怎样的一种生活情境中,对我们的心理、灵魂、精神会产生莫大的影响,会直接影响我们每个人的生命质量。许多古今文士追寻过这种心灵生活情境,对于我们关系密切的家居产品设计,则要忠实于人的生活情境,充分发现人的生活情感。

啤酒开瓶器,你不要以为它是简单的摆设,它有不同的形状,对应着不同的场景音乐,当你开瓶的时候,音乐会随着"蹦"的一声开瓶的声音而响起,让您回味曾经观看赛事的场景,身临其境,激发你运动的动力,时刻提醒您需要运动(图 4-5)。

图4-5　音乐开瓶器

（三）从人的行为动作出发

人们大部分时间都在活动,生命不息,活动不止。我们的产品也伴随着人的行为动作,产品的操作过程很重要,完成产品操作任务的动机和态度对完成任务的质量和效率起着非常关键的作用。动机和态度会由于设计上的影响而发生变化。完成任务过程中趣味性强,进展比较顺利,可以激励用户,增强动力。反之,如果完成任务过程中挫折很多,以致身心疲惫,支持不足,或受到强制性的压力等因素,会对用户的情绪和操作效率等有明显的影响。

产品必须与使用者的使用动作紧密相连,产品是否有用完全取决于使用者自身的特点、时间、地点等情况。使用者觉得这个产品有意义,才会去尝试和使用产品。有意义的产品就是对使用者具有特殊的含义,也许不完全取决于它的功能。

大家看 MUJI 的 CD 播放机(图4-6),这部 CD 播放机不同于以往手持或摆放在平台上的 CD 机,这款 CD 机是挂壁式的。你可以将它挂在墙上,播放音乐时,你可以清楚地看到 CD 快速地旋转。开关它非常的容易,拉一下下面的挂绳就 OK,这让人回想到小时候电灯开关都是拉线的,拉一下,房间为之一亮,这种感觉是相当惬意的,类似的感觉在这里得到了体现。

图4-6　MUJI 的 CD 播放机

（四）从人的生活习性出发

人都是生活在一定的环境当中,环境对人的影响是非常大的,不同的环境造就了不同人的生活习性。高中时我们发奋苦读,每天 5 点多起床准备上学,晚上 10 点到家休息。进大学后我们却经常中午才起床,晚上往往 12 点还没有上床睡觉。相同的人在不同年龄段生活习性不同,那么他不同年龄段生活中的情感也是不同的。进而,不同类别和职业的人的生活习性就更不同了。我们要深入观察和发现不同人的生活习性,设计出适合他们需求的情感化产品。

在生活中,钥匙总是忘记在家里,然后满书桌找满口袋翻,冒着被别人当做小偷的风险,翻过阳台为取钥匙铤而走险。特别是找很久找不到的时候,那是让人非常郁闷的。所以钥匙最好放在固定的位置,爱巢小鸟钥匙圈(图 4 - 7)就充分利用了人的这一特性,把钥匙扣设计成了归巢的小鸟,把它挂在正确的放置位置,天黑归程时,回到了自己温暖的小家,小鸟也回到属于它的独特的小屋子!出门离家时,带上小鸟,陪伴身边,不舍不弃,同时它的尾巴成了哨子的口,轻轻一吹就能够发出欢快的声音,同时也是你回家的信号,呼唤家人的迎接。

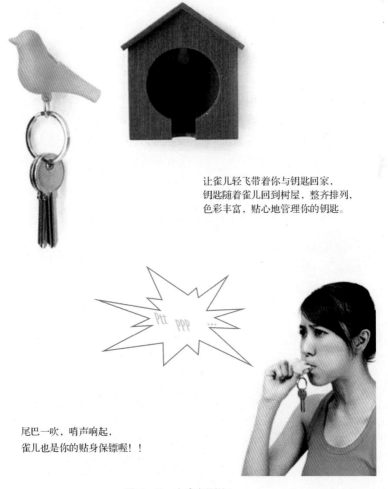

让雀儿轻飞带着你与钥匙回家,
钥匙随着雀儿回到树屋,整齐排列,
色彩丰富,贴心地管理你的钥匙。

尾巴一吹,哨声响起,
雀儿也是你的贴身保镖喔!!

图 4 - 7　小鸟钥匙扣

四、产品情感的造型表达方法

什么叫形态？形态是物质形式的外部体现。以自行车为例，当我们看到两个车轮时，就能感受到它是一种能运动的产品，自行车的结构强调了产品的外在势态。人们在评价这些产品时也总是与这些基本要素结合起来。形态是认识物体的信息，形态是信息的一种表达方式。对于人造物体的形态，其机能主要表现在适应其使用环境或使用要求。

我们可以给形态的机能一个初步定义：物体通过外部形态以达到其对于存在（生存）或其使用环境相适应的目的自然形态。设计物的造型虽然不像广告图像驱动企图那么明确，但其中不乏通过优美和独特的造型、装饰体现其超出对手的设计品质，使用户产生愉悦感（爱不释手），从而购买这一商品。

（一）结合最新动漫动画游戏人物

很多人心中都有梦想，缤纷多彩的，宁静深沉的，轻狂浪漫的，淡然平凡的。动漫动画形象比起其他艺术形式更容易让青少年接受，合理欣赏会提高学习或者工作效率，增加他们的动脑机会，从而诱发创造力和想象力的提升。动漫中良好的人物形象会成为青少年学习和崇拜的对象。

那么情感化产品的造型可以结合最新的动漫动画形象，像灵光焕发的水灵双眸，飘逸潇洒毫无拘束的发梢，张狂火爆的画风和属于明亮色彩的背景。很多人有多少美好的梦被寄托在这一神奇的领域里，灵活运用这些元素可以幻发出无穷的产品造型元素，而且符合人的情感需求。利用这些元素创造造型是一种挑战，会有更加意想不到的效果。产品造型的灵感和意义，往往可以在这个时候体现出来。如忍者存钱罐（图4-8），通过与动漫人物的结合，小忍者显得很有精神，造型很可爱，同时还有一个丝带，你可以系在忍者的脖子上、头上、身上、臂上等（图4-8，图4-9），带来不同的视觉感受。

图4-8　忍者存钱罐

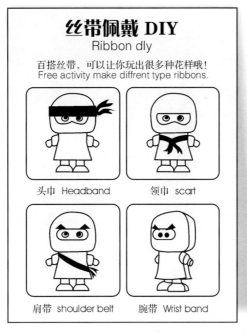

图 4 - 9　忍者丝带

（二）结合生活中的物体

设计是收集信息、综合信息、创造新信息的过程，而产品则是这一过程完成的最终结果，任何一种产品都是信息的载体。不同的时代，生活中的物体是不一样的，如原始社会的石器，奴隶社会的青铜器，封建社会的铁器。人们对材料、结构、加工工艺的理解——即自然科学的信息凝聚也是不同的。设计是收集各类信息然后综合起来分析这些信息，最后整合创造新的信息的过程。

生活日用品是我们接触最多，同时它们各式各样的用途和造型也是我们最熟悉的，感受丰富的造型表现带给人们的乐趣。通过家里普通生活日用品的观察，会更加关注生活、热爱生活，培养富于联想、敢于想象、勇于实践的创新精神和健康的审美情趣。设计师在设计这类产品的过程中，通过情感的渗入，将人们熟知的日常形态灵活运用到设计中去。对生活日用品产生联想，并把自己的联想表达出来。

看图 4 - 10，垂涎欲滴的水果居然是便笺纸。一种外形为水果的创意便笺，外观看起来十分诱人。每张便笺上都印有真正的水果剖面，果肉还原度高，甚至能看到上面的籽，仿佛被人用刀完美地切成了很多很多片，散开成一朵朵让人心醉的花。便笺附带水果网套，穿上去一切堪称完美，放在桌面，带给人完全不同的视觉感受。

图 4 - 10　水果便笺本

（三）结合大自然动植物的形态

生物体都有着自己独特的自身结构，生物要适应环境生存下去，就需有一个稳定的结构来支撑自己的躯体。一棵小草、一面蜘蛛网、一只小虫、一只小鸟，它们看似弱小，实际上很强大，能够抵挡风暴，适应环境，承受自然的各种压力，是我们可以借鉴的。像苍耳子与尼龙搭扣，我们从灌木丛中走过的时候，裤子上常常会粘满了令人烦躁的苍耳子。仔细观察苍耳子，会发现它的表面布满了许多小刺，每根刺上都有各样形状的倒钩，碰到纤维类的衣物，便会勾在上面。瑞士的乔吉尔·朵青斯经过 8 年的研究，根据苍耳子的结构，发明了尼龙搭扣用以代替纽扣、拉链、接缝剂等。

同样人类飞翔的梦想是看到鸟儿后引发的，飞机就是模仿飞鸟滑翔的结构设计的。鸟类能够自由飞翔，是因为它有适应飞行的自由流畅的外形和使身体更轻便的翅膀骨质中空结构。观察飞机的结构，两侧的机翼就像飞鸟展开的一对翅膀，一些轻型材料的使用使机身更轻便，整个飞机的流线型仿佛飞鸟冲刺的形态。如蝎子挂钩（图 4 - 11），把一个普通的吸盘挂钩做成蝎子的形状，把自然凶险的蝎子转化成有爱的卡通形象，同时用蝎子那狠毒的尾巴来挂东西，与自然态的东西结合得有趣、自然。

图 4 - 11　蝎子挂钩

五、慢设计与情感

在以"效率"和"速度"为时代特征的今天，很少有人不被卷入社会的这个大潮流中。慢生活不是懒散，不是敷衍了事和拖延时间，而是让人们在生活中找到平衡，能够快速准确找到定位而不会迷失自己。走太快了，会错过很多美好的风景。慢下来你会发现更多美好的，不曾见过的东西和感想。慢设计是一种理念、一种心态，反映的是内心最深处的那根弦。

现在在产品设计上慢生活做得比较好的是北欧。在杂志方面，欧洲和美国一些人文杂志做得比较好，国内本来在一段时间内有萌芽，但是那些杂志很快就被一些时尚元素或者小资情调所代替，光顾着谈情说爱、伤春悲秋，而忘了慢生活的初衷是一种积极的人生，对生活充满自信。

从慢设计考虑出发，一些别出心裁的设计师设计出了一些小物件，来提示人们在生活当中不要着急、慢慢来。来自冰岛的设计师图伦·阿纳度蒂尔就巧妙地设计出了一个"慢时钟"：将一串珠子围绕在一个金属齿轮上，每一粒珠子严格对应一个凹槽，并按照转轮的凹槽来进行转动。与一般时钟不同的是，这些用来计时的珠子每5分钟才转动一次，这就取代了原本秒针嘀嗒嘀嗒一刻不停所带给人的紧张和压迫感。

"慢，其实就是一种心态。"加拿大记者卡尔·霍诺感慨道。这位专门出书介绍过慢生活的作者，自己就经历过想慢而不得、欲速而不达的尴尬。在以前到意大利一家慢食餐厅吃饭的路上，他就因为开车太快而被警察开了超速罚单。看来慢与快之间的火候总不好掌握。他深有感触地说："快，并没有使我们人类成为万物的主宰，反而使我们在急于驾驭一切的过程中横冲直撞、疲于奔命。"在他2005年出的一本名为《身处慢的天堂：挑战速度情结》的书里，卡尔提到了有关慢生活所包括的林林总总，其中就介绍了一个奥地利的叫做"时间宣言"的民间组织，这个组织曾极力游说国际奥委会也能够给在奥运会当中跑得最慢的选手颁发金牌。虽然现在这还只能是一个美好的愿景，但是随着"慢运动"的影响力越来越大，说不定某一天它就会成为现实呢。

只有充分理解了慢设计，让生活慢下来，节奏降下来，很多东西你才会看得更清楚，并细细品味其中情感，做出真正符合人情感的家居产品。

六、产品的内涵性与外延性语义

所谓产品的内涵性语义，指的是产品作为一种信息的载体，在表达其物理机能的同时，也在一定的时间、地域、场合条件下，对解码者呈现出一定的属性和意义。内涵性语义是一种感性化的理念，更多不是产品的外观形态，是不能被表面所感知的一种"潜在"的关系。浅层含义——感觉、情绪，这是消费者对产品造型产生"情感性"的认知结果，产品好不好看，消费者对此喜欢不喜欢，有什么感觉特性，正是一种情感化的过程。它使形式要素成为社会功利内容的表征物。像功能性语义，是指示产品机能属性及其功用的语义。好的产品不但要"可用"，而且要"适用"，并具备指示产品的功能及其使用方式。还有趣味性语义，东西造型是否有趣，使用过程能否充满乐趣，或者勾起某些快乐的记忆。

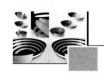

　　而外延性语义注重的是产品的功能形态,及产品形态直接说明产品内容本身,是一种更易懂、更直接的语义表达,通过形态、构造特征来表达目的、操作、功能等。产品语义的表达实际上就是通过设计合理的产品形态,赋予产品以生命,让产品本身会"说话",通过这种"交流"交互信息,从而赢取人们对产品的熟悉亲切感。充分结合产品的内涵性与外延性语义,可以辅助设计出更好的情感化产品。

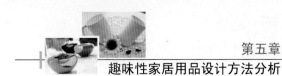

趣味性家居用品设计方法分析

一、趣味性设计出现背景及概念

（一）趣味性设计出现背景

科技发展改变了人们的物质生活,物质生活的极大丰富使得人们的需求已经远远不仅仅停留在物质的层面。现代社会大批量生产充满了单调、机械、刻板的物品让人们疲惫不堪,现代人崇尚个性,追求多变、随意。物质文明的发展,生活节奏的加快,人们需要休闲娱乐的缓冲。消费观念的改变使得趣味成了现代人生活中不可或缺的调味品。现代人更加渴望在日常生活中除了物质生活的丰富以外可以在精神心理层面给人们带来更大的满足。在日常生活中,人们开始有意识无意识地注重在购物时产品带来的更多心理附加层面的体验。冰冷冷的产品仅仅简单为了功能而功能,为了形态而形态,这些产品正越来越被这个社会需求所淘汰。消费者审美能力的提升,日常生活用品趣味性的设计能否充分引起消费者的注意,心理精神层面是否会与消费者产生更多的情感共鸣,则会大大提高产品的售出率。情感消费将是继产品造型功能等以外最重要的消费特征。情感化的趣味性设计开始主宰着我们的生活。

目前在我国市场上趣味性的日常用品品种繁多,但大多数还仅仅停留在对于产品外观形态颜色等趣味上,做工也比较粗糙。产品没有特色,对于趣味性研究不深入,没有真正让产品的趣味性与消费者产生共鸣。

国外的许多趣味性研究设计表明:消费者有很多情感需求,设计产品时要考虑更多的趣味性以满足人类的情感需求。对于情感趣味性研究比较有代表性的美国西北大学计算机和心理学教授唐纳德·诺曼对于情感化设计在产品中的作用做了研究。从本能的、行为的、反思的三个层面深入分析如何将情感融入到产品设计中。根据调查和研究表明更多的消费者更加青睐于能够给他们情感心理上带来愉悦的趣味产品。

（二）趣味的概念及趣味设计

1. 趣味设计的涵义

我国古代对于"趣味"涵义的解释为：情趣、旨趣、兴趣、滋味、味道。另有解释为：使人感到愉快，能引起兴趣的特性，爱好；是顺其自然不加装饰的情趣。趣味涉及美学、社会学、心理学等多个学科。因而我们很难给趣味下一个明确的定义。总的来说，趣味有两层含义：一是意味；二是通过感受使我们注意到某事物产生兴趣的因素或一种享受的过程。

不同的时代，不同的民族，人们对于趣味的理解不一样，对于审美的概念也不同。在过去，生活水平低下，产品生产极少，人们认为有用的产品就是美的，就是有意义的。随着时代的变迁，人们的眼界变得更加开阔，对于产品趣味标准变了，要求也变得更加丰富了。

2. 趣味设计存在的价值

趣味性的产品设计能够使得人们愉快，引起人们的兴趣，并使得人们在使用中产生美好的体验，是一种只可意会不可言传的比较微妙的审美感受。趣味性设计能够满足人们的情感需求，更能够缓解人们工作所带来的压力，调节我们紧张的神经，趣味性产品能够增加更多的额外价值。

美国西北大学计算机和心理学教授唐纳德·诺曼对于情趣化的定义是把趣味分为本能的趣味、行为的趣味和反思的趣味。本能的趣味水平设计是对于外形而言的。行为水平的趣味设计是使用的乐趣和效率。反思水平的设计是自我形象个人满意及其记忆上的。

（1）本能水平趣味设计

人是视觉动物，对外形的观察和理解是出自本能的。如果视觉设计越是符合本能水平的思维，就越可能让人接受并且喜欢。如视觉、听觉、嗅觉、触觉等。具有视觉冲击力产品外观造型、合适的尺寸、舒适的手感在生理上给人们带来快乐，进而产生趣味。

（2）行为水平趣味设计

行为水平的设计可能是我们应该关注最多的，特别对功能性的产品来说，与讲究效用以及使用产品的主观感受等有关。使用产品是一连串的操作，美观界面带来的良好第一印象能否延续，关键就要看两点：是否能有效地完成任务，是否是一种有乐趣的操作体验，这是行为水平设计需要解决的问题。优秀行为水平设计的四个方面：功能性、易懂性、可用性和物理感觉。产品形成良好理解的秘密是建立一个适当的概念模型，任何物品有三种不同的心理形象：设计者模型、使用者模型、系统形象（产品和书面材料表达的形象）。在行为趣味设计这个层面，功能是首要的，一切要尊重以人为本的设计理念。

（3）反思水平趣味设计

反思水平的设计与物品的意义有关，受到环境、文化、身份、认同等的影响，会比较复杂，变化也较快。这一层次，事实上与顾客长期感受有关，需要建立品牌或者产品长期的价值。只有在产品/服务和用户之间建立起情感的纽带，通过互动影响了自我形象、满意度、记忆等，才能形成对品牌的认知，培养对品牌的忠诚度，品牌成了情感的代表或者载体。反思的设计是产品所带来对过去的记忆和对未来的思考，在人与产品的互动中产生一种情感上的共鸣。

由此，我们认识到人类在物质本能得到满足后，开始不断追求个人的满足。产品真正的

价值是可以满足人们的情感需要，最重要的一个需要是建立其自我形象和其在社会中的地位需要。当以物品的特殊品质使其成为我们日常生活的一部分时，当它加深了我们的满意度时，爱就产生了。

二、趣味产品设计分类

日常生活用品和我们的生活息息相关，每天都有接触，是人们生活不可缺少的产品。日常生活用品，简单来说，凡是日常生活接触的，在生活中使用的都可以被划分到这一大范畴。日常生活用品的优劣直接影响到人们的生活水平。随着社会经济水平的不断发展，人们生活水平的不断提高，消费者对于身边的日常生活用品质量有了更高、更新的要求。这不仅仅是一个产品简简单单的飞跃，更是代表着一种全新的生活理念，在一定程度上也是人们生活品质提高的象征。

（一）产品造型的趣味设计

产品造型的趣味性通过具有直观的产品形态的趣味外形、质地、形态、材料等视觉及其触觉来满足人们。一般而言，视觉的冲击力更容易给人带来直观新奇的趣味感受，其主要依附于外形的独特及明快的色彩等等。通常人们会对于具有特殊造型或者具有独特色彩搭配视觉效果的产品寄予专属的情感，使用这些产品时会给予更多的关注，给予的这些关注能使得人们生活在人与物的空间中充满着更多的趣味与激情。

形态上的趣味在日常生活用品中与人们息息相关并得到更多的注意。例如设计师 Sakura Adachi 设计的一分为二的水果碗（图 5-1），看上去就像是黑白条纹相间，似乎没有什么特别。不过当水果不够放的情况下，便可以将它分离成两个独立的水果碗，一个黑色，一个白色。它的容量随之扩充了。运用富有创新的造型，给人耳目一新的视觉体验，享受着日常生活就餐便捷所带来的趣味感受。

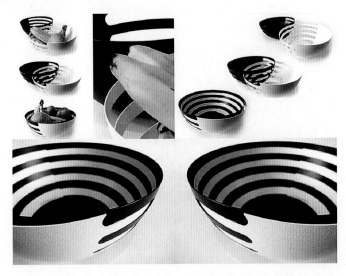

图 5-1　Sakura Adachi 设计的一分为二水果碗

产品造型设计是产品设计重要组成部分,形态是产品的外在表现。产品主要通过尺寸、形态、比例对消费者心理产生影响,让消费者产生美感、亲切感并想拥有它。除造型以外,富有鲜明视觉冲击力的色彩,也将人们从沉闷的传统日常用品中唤醒。活力富有冲击力的色彩使得日常生活品不再那么冰冷冷的,更加充满了亲和力,更加使人喜爱。例如专门为儿童推出的一款玉米抱枕,以逼真的玉米造型和鲜艳的金黄色玉米粒唤起孩子们的注意力。设计师 Weng Jie 的玉米抱枕设计(图 5-2),抱枕上的玉米粒是用魔术贴固定的,小朋友们能把它们取下来玩游戏。他们玩了一天后,家长们把玉米粒粘贴成枕头,让孩子们愿意向枕边靠拢睡觉。富有逼真效果的玉米抱枕让孩子们从眼里找到生活中的乐趣。仿生设计是产品趣味性设计中经常用的,以自然界万事万物为研究对象,为设计提供新的思路新的理念。好的仿生趣味设计能够更快地激发消费者对产品产生兴趣。德国设计师易吉·克拉尼曾说:"设计的基础应来自于大自然生命所呈现的真理之中。"

图 5-2　玉米抱枕

(二)产品功能的趣味设计

产品功能的趣味性并不是简单直观的趣味体验,相对于产品造型材质色彩等带来的趣味性更加的深沉含蓄。面对日新月异的科技发展,高科技所带来的人性化的设计为人们带来合理的日常用品需求的解决方法,让人们的身心获得愉快的趣味是趣味设计的核心所在。只有内在外在得到和谐统一的产品才能经受市场和消费者的考验。产品在功能上的趣味性需要使用者亲自去体验设计功能模式所带给人们的趣味体验。使得使用者在使用中发现其中的奥秘,使其感到有趣。从日常生活用品的功能开始,通过对其功能的简易操作化、便于使用等特点,让人们在产品功能使用中感受到产品的易用性并从中获得愉快是其核心的价值体现。所以从日常生活用品中出发,将人们从繁重的日常生活中解放出来,使得人们在接触到日常生活用品时可以放松休息。从其功能的趣味性设计方面来说有以下几点:

1. 产品功能中所附带产生的趣味

例如苏泊尔智能可视煮饭煲,有多种烹饪及预设定时设置,可以根据自己的口感,选择自己最喜欢的烹饪方式(图 5-3)。此煮饭煲保鲜长达 15 个小时,可以第一天晚上睡觉前把粥汤煮好,提前设定好时间,第二天早上可以迅速加热,既营养又节省早上的宝贵时间。高效的智能化可以把原本人工完成的部分完成,把人们解放出来,使得人们在生活中享受日常生活用品的功能易用性所带来的趣味。

图5-3　苏泊尔智能煮饭煲

2. 全功能新型引入的趣味设计

例如广东小熊电器公司生产的小熊酸奶机(图5-4),这款酸奶机一次可以制作一升的酸奶,只需将超市中买到的纯牛奶和鲜奶加入发酵剂或者10%市售的纯酸奶搅拌均匀,其次将盖好的容器放入酸奶机中,盖好上盖,接通电源,8～10小时后酸奶便可做好。通过现代高科技制作酸奶设备,将整个酸奶制作厂浓缩在家庭厨房的一个小装置内,带给人们前所未有的全新感受体验。产品功能通过操作的变革体现出了产品对人的关怀。产品功能的趣味性体验油然而生。

图5-4　小熊酸奶机

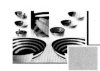

产品功能的趣味性并不如产品造型外观的趣味性那么直接,随着科技的发展技术的进步,仅仅利用外观打动消费者是远远不够的。使用的舒服、方便及趣味性的使用方式也是十分重要的。功能的趣味性属于行为层次的趣味性,人们在刚接触产品时不一定能感受到产品的趣味,当亲自使用体会产品的巧妙功能后,一定很难忘记。

(三) 人机互动设计的趣味

人机交互的趣味远不如产品造型和功能层面的趣味那么直接并且给人很强烈的感觉。只有在产品与人的互动过程中,人们才能够深切感受到其传递给人们情感上的趣味体验。人机交互设计的趣味最大的特点是产品的趣味性不在于产品中,而存在于人们的心中。在人机交互过程中,人与产品产生共鸣,才可以对人机交互中带来的趣味性有良好的诠释。例如一款打印图案的咖啡机,拥有一杯有着漂亮图案的花式咖啡时,你是不是会对咖啡师精湛的手艺钦佩不已。设计师 Huang Guanglei 带来了一款能打印图案的咖啡机,即使没有咖啡师,它也能帮助你轻松制作咖啡图案。它的操作过程很简单,将咖啡杯放入咖啡机对准点阵孔部件,手机蓝牙传输图案给咖啡机,即可将图案通过泡沫的形式打印在咖啡上了(图5-5)。咖啡机本身并没有趣味,因为人的参与而使得整个过程充满着无限的乐趣,并不是机器使得人感受到趣味,而趣味传递的媒介是机器。这便是人机互动趣味性的高深之处。

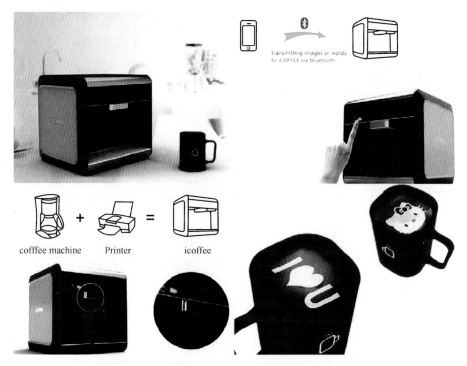

图5-5 打印图案的咖啡机

又如几款 DIY 组合式家居,就像这款电视柜(图5-6),造型非常简洁,由直条形的木框组合而成。它既可当成电视柜,也可以当做茶几,还可以当做脚凳使用。一柜多用不说,它还将变形玩具的变形魅力引用过来,拉动它的两边,就可以伸展出它的"臂膀",像变形金刚突然"长"出胳膊一样。将它的双臂全面展开,原本不足一米的小身材顿时变成长达一米八

的大个子,或许这就是它之所以可以变化成茶几或者脚凳的来源。

图 5‐6　DIY 抽拉式电视柜

　　再如这款鞋柜(图 5‐7),高高大大中规中矩,整体看上去像个憨厚笨重的大家伙,但不可小瞧它的机关秘密。只要按动那些白色的小按钮,柜门就会一个个弹出来,给你惊喜之外,还会让你体验"挫折",因为并不是所有的白色按钮都设有自动弹开的机关,比如第二个和倒数第二个按钮就完全是纯装饰用。所以只有熟悉了它的小秘密,才能对它完全掌控。当然鞋柜还是非常实用的。柜子中各个区域的面积大小不一,适合储物,将中间抽屉弹开,那里才是放置鞋子的地方。整个使用过程需要人的参与,根据使用者的需要进行调节,过程操作简单,充满着趣味。运用回归木材设计的自然理念,将木材通过抽拉得以调节成各种使用需要的形式,一组简单的木制条使得人们各种使用的希望得以延续。组合式的鞋柜不再是一个简单功能的鞋柜,在情感层面上它给人们的趣味体验甚至远远超过它作为单一功能的鞋柜所带给人们的方便感受,丰富的趣味情感体验才是它最终的价值体现。

图 5‐7　组合式鞋柜

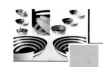
（四）综合因素的趣味设计

日常生活用品中的趣味设计,更多的不单单只是通过前面所述的一个层面上的趣味的设计,更多的时候是互相包容的,带给人们的是全方位的感受。从造型到功能再到人机的互动,层层递进,将趣味设计推进到一个全新的层面。就以现在的智能手机为例,不同的人群对于智能手机有着不同的要求,不同的年龄、性别、知识文化层次、社会经历等,将这些因素上升到趣味层面,这种要求更是五花八门。有的较注重功能方面的趣味,有的更喜爱视觉感官带给自己最直接最直观的趣味感受,有的则更加注重产品本身内在的品质带给人们的真实情感体验。在人们不同诉求点的驱使下,各种层面的趣味性又得以强化,带给人们截然不同的趣味感受。

专为女性设计的索爱 T15I 手机(图 5-8),外观轻薄纤巧,通过直观的小巧外形及其粉色的搭配,趣味设计顿时突出了性别的差异,将轻薄的概念及手感的人机工程学运用到手机的设计中,从外形颜色到功能的角度强调趣味性。再如 iPhone 手机(图 5-9),通过功能和形态引导使用者,是目前市面上智能手机中做得比较高端的一个品牌,其灵敏的触碰显示屏,简单易行触摆甩的操作方法,人与机形成互动。将功能与形态的趣味提升到了意念的趣味中,通过多层面的趣味体验进一步提高了对人们生活、情感等多方面的影响力。

图 5-8　索爱 T15I

图 5-9　iPhone 手机

（五）趣味设计分类的意义

趣味设计形态通过功能得以完善,功能通过人机互动得以升华,人机互动反过来引导形态向更完美的方向发展,将趣味设计这一主题向前推进。通过多层次的共同作用进一步提高趣味设计对人们生活、情感的影响力,使它成为人们日常生活中不可或缺的帮手和情感的寄托。

三、趣味设计因素及方法

（一）趣味设计因素

根据日常生活用品的趣味设计应该着重考虑下面的几点因素要求:

1. 年龄

从年龄层面出发,不同的年龄阶段对于趣味的要求诉求点不一样。儿童青少年对于趣味性更注重在外形颜色上,而对于中老年人更加注重产品本身所带来的趣味感受。例如这款可爱的牙刷架(图5-10),外观是干净清爽的白色再配上孩子十分喜欢的人物造型支架,幽默感十足,有的做出举重的姿势,有的则举手表示胜利。早晨洗漱时有如此可爱的小人陪伴,肯定会让年轻人以轻松愉悦的心情开始一天的学习与工作,这款牙刷支架就更加受到年轻人的青睐。相比同样是牙刷架,中老年人更加看中的是产品的功能性更加适用便捷所带来的趣味感受,如嘉宝公司生产的这款牙刷架(图5-11),比超市里面卖的杯子质量要好很多,杯架杯子一体设计,时尚又实用。牙刷牙膏放在墙面上,取用方便,洗脸的时候再也不用担心水会溅到杯子里面,整个台面干净清爽。此款牙刷架设计既时尚、功能又实用,最重要的是一家人的牙刷都可以放进去,同时此牙刷架中间还设计了可以放置家中男士剃须刀的挂架,设计充满着人性的关怀。

图5-10　年轻人青睐的牙刷架

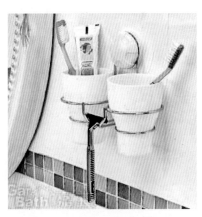

图5-11　中年人青睐的牙刷架

2. 性别

从性别层面来说,女性更多喜欢温和的,而男性更加喜欢简单方便明快的。如这款女性十分喜爱的可爱的三合一的杯子(图5-12),有咖啡、茶和果汁的杯子,还有可以放茶包和调羹的盖子,外形可爱,非常招女孩子的喜爱。

图5-12　女士三合一瓷杯子

又如这款男士十分喜爱的瓷杯子(图5-13),外观简洁大方,又不失趣味稳重,可以用杯

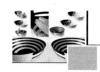

底放在桌上又可以将杯手把斜放在桌子上,看起来像是个憨态的小人在伸懒腰。

图 5 - 13　男士瓷杯

3.消费能力

从消费者自身消费能力层面来说,日常生活用品趣味性的设计最终是从简单的产品功能设计引入对于人们情感层面的关怀,并不一定高价位的产品趣味性就更加丰富。

日常生活用品的趣味设计要从以人为本的设计思想入手,充分关注人们的情感,不仅要从趣味的表层含义去感受产品的趣味性,同时要不断地拓展产品趣味设计的深度广度。趣味设计赋予产品情感和活力,具有趣味的产品更加具有亲和力,所以我们要将相关的设计要素和设计思想融入产品的形态、功能以及人机互动和文化内涵之中,创造出更多令人感动的产品。

(二)趣味设计方法

从日常生活用品造型材质色彩等趣味到功能的趣味,从人机互动的趣味到产品的综合趣味四个角度,其产品趣味体现出完整的设计方法。日常生活用品趣味性设计方法应从以下几个方面着手:

(1)从造型层面趣味设计出发。

(2)从功能层面趣味设计出发。

(3)从人机互动层面趣味设计出发。

(4)从综合多层面趣味设计出发。

同时还要考虑到不同的年龄层、性别特征、消费能力等因素,综合多方面的因素,一切从人的需求出发,这便是日常生活用品趣味性设计的最终方法。

坚持以人为本是一切设计的核心,其是建立在广泛的体验设计、情感设计等丰富理论基础之上的。总体上说,日常生活用品趣味设计遵循从产品的造型到产品功能到情感上的趣味体验,从基础外形到附加的内涵设计法则。最重要的以人为本是产品趣味设计的核心所在,这种理念建立在体验设计人性化设计等丰富的理论上,要求人们更加关注物以外深层次的情感心理层面的需求。

日常生活用品只是其中研究的一个载体,并且通过其研究理论对实践设计起到行之有效的指导作用。著名的产品设计之父雷蒙德·罗维曾经说过:"我寻求一种强烈的视觉震撼力,令人即便是短短一瞥,也能留下深刻的印象,但是我更关心它们在人们心中的感受。"由此可以看出更多的关注产品深层次的趣味性给人们带来的心理精神层面的体验的必要性。

第六章
仿生设计在家居用品中的应用原理与方法

一、仿生设计的研究原理

（一）仿生设计概念

仿生是一种发明创造过程。它是人们在长期的对大自然的学习与探索中，对自然界中生物体的奇异形态和优良功能进行模仿进而再创造的过程。到了 20 世纪 60 年代，这种对大自然的模仿能力才逐渐发展成为一门学科，这就是仿生学。

仿生学是对大自然现存的生物系统的一种模仿，通过这种模仿可以使人进行创造性活动，从而使人造系统具备生物类特征的科学。可以说，整个仿生学的基础就在于模仿。通过这些模仿人们求得生存与发展，它是最早期的仿生意识。在 20 世纪 60 年代后期，仿生设计才作为一门独立的学科成立起来，它的成立基础是设计学和仿生学。仿生设计利用其对自然形态、色彩及功能的模仿，通过创造性思维活动，为我们的设计提供源源不断的新方法和新思想。

自然界的各种生物体是仿生设计的创意源泉，仿生设计是一种很直观的设计方法，因为它和我们熟悉的大自然紧密相连。德国著名设计大师路易吉·克拉尼曾经说过："设计的基础应该来自于大自然中诞生的生命所呈现出的真理之中"。他的这个观点正好道出了自然界对人类物质生活的巨大启迪作用。

在人类历史的发展过程中，人们一直不懈地发现自然、改造自然与适应自然，在自然中努力寻找生命的规律。产品的仿生设计形式多样，从产品的色彩到材质，功能和形态的模仿，都充分说明了自然界蕴含着无尽设计宝藏的天机。

因此，要实现设计创新，就要从自然界中寻找出设计的灵感。在产品设计中，作为设计师的我们，无论设计什么样的产品，必须明确一点，那就是设计最终的目的都是为了满足人们的需求。人的需求在产品设计中具有重要的作用，可以毫无疑问地说："需求是发明之母。"能够最大限度地满足人类需求的产品才是一件合格的产品。我们进行的设计都是围绕着人进行的，因此我们强调人性化设计。

仿生设计就是一种人性化的设计，因为在具体的设计过程中它全面考虑到了人的物质

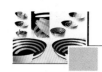

以及精神需求,将大自然的种种生命气息带入设计,从而创造出各种各样的具有生命意义栩栩如生的产品出来,使人们从心理上完全接受它。而且通过仿生可以达到产品形态与人亲和互动的效果,这样可以更准确地表达产品的功能,便于产品与人之间良好地沟通。

1. 仿生设计的哲学思想

自然系统是人类文明和文化发展的根本,这与现代仿生设计的发展有着很深的历史渊源。对自然的依赖是人类早期的主要思想,经过数万年的发展进化,人类逐渐意识到要从对自然的依赖中解脱出来,转变为主动状态。人类和自然的关系慢慢趋向于融和互通。

2. 仿生设计的自然科学背景

仿生设计是 20 世纪新兴的一门学科,它既不属于生物科学,也不属于技术科学,而是介于二者之间的一门边缘学科,其主要任务是研究自然界中生态系统的优异功能和原理,将其进行改进,而后设计并创造出符合人类机体及心理的创新产品。

虽然现在科学技术进入高速发展阶段,但人类赖以生存的环境遭到了前所未有的破坏,能源问题、气候问题、环境问题接踵不断,此时的人类在对自然强取豪夺之后第一次产生了危机感,专家学者纷纷提出要合理利用自然,要探讨与自然更加和谐相处的生存方式与可持续发展方式。人们逐渐认识到仿生设计对未来发展的重要性,开始呼吁自然设计的回归,仿生学在 1960 年被提出之后,美国空军航空局在俄亥俄州的空军基地召开了第一次仿生学会议,仿生学才成为了一门独立的学科,并被命名为"Bionics",直到 1963 年我国才将其译为"仿生学"。大自然中的各种形态、结构、色彩、肌理及生物现象千姿百态,它们是人类科学技术和发明创造的源泉。人类通过模仿自然界的种种优秀能力与结构,提升了自己在自然界中的生存斗争本领。原始人类用以生活的工具几乎都是通过天然存在的物体经过简单打造处理后使用的,缝衣服的针是对鱼刺的改进,盛水的容器是受到存有水珠的花朵与叶子的启发……在很小的时候,我们便都知道锯子是春秋战国时期的鲁班从一种能划破皮肤的草上受到启发而发明出来的(图 6-1),他还根据鸟的形状与结构发明出了能飞的木鸟。可以说,这些工具的创造都不是凭空想象出来的,而是经过观察后对自然界中存在的物质的简单模仿,属于最初级的创造。我们可将其看做是仿生设计最早的起源或雏形,今天我们所设计的复杂物体正是在这个基础上加以深化、发展得到的,仿生学的形成离不开这些最粗糙、最表面的设计。

图 6-1 锯子与锯齿草

3. 仿生设计在设计史中的发展脉络

通过漫长的设计历史来看,仿生设计在其中所占的重要地位并非没有根据。纵观整个设计史,有很多设计流派都存在着"取材于自然"的仿生思想。这些设计流派所具有的相似之处就是都体现了对自然的尊重,这为当时的设计带来新的思想和活力。下面简要地纵向回顾一下不同时期的各个设计流派中的仿生思想及仿生历程,有利于我们更加全面地了解仿生设计的概念和意义,对仿生设计的发展有重要的指导作用。

(1)工艺美术运动——现代仿生设计的开端

近代对仿生设计最直接的反映当属 19 世纪下半叶的"工艺美术运动"。这场由莫里斯引导的设计运动主张推崇自然主义,其设计风格主要是运用自然植物来表现优雅、恬静并具有生命力的田园特点。这一风格特点很快在以矫揉造作的维多利亚风和工业化风格为主的时代中脱颖而出,他们的仿生思想体系不仅融入了工艺和艺术,而且还融入了其他设计风格所不具备的伦理道德,那便是他们希望通过艺术和设计能够改造当时的社会。

(2)新艺术运动——仿生设计思想的形成

工艺美术之后的 19 世纪末 20 世纪初,掀起了一场席卷整个欧洲和美国的影响意义深远的仿生设计运动——新艺术运动。这场运动的拥护者们反感当时的工业化风格,崇尚自然,喜好其中蕴含的生命活力,并尽量在设计创作中能够体现这种活力。直接对自然的抄袭复制也令他们反感,他们提倡在保留自然元素的同时对其进行适当的凝练,这一设计思想甚至对发展到今天的仿生设计仍然具有很深的影响。这一时期的西班牙设计大师安东尼·高蒂设计的圣家族大教堂便深刻体现了新艺术运动的主体思想(图6-2),教堂整体由具有强烈动感的曲线组成,其每个细节都赋予了仿生的意义,是世界上独一无二的仿生艺术精品。

(3)流线型设计风格——仿生设计的抽象化探索

20 世纪 30 年代始于美国的流线型设计风格本来是为了交通工具的速度而采用的(图6-3),后来逐渐蔓延为整个时代的设计风格。这种风格并非只是在造型上运用"别致"的流线型那么简单,而是将取自自然的曲线经过高度抽象提炼,并与新技术、新材料和新工艺进行完美结合,可以说流线型风格是仿生设计的抽象化探索阶段,这对仿生学的发展有着极其深远的意义。

图6-2　圣家族大教堂(西班牙/安东尼·高蒂)

图 6-3　流线型风格的汽车

（4）斯堪的纳维亚设计风格——仿生设计的情感化发展

两次世界大战期间，在西方国家的设计界极尽其能发展奢华的装饰艺术风格的同时，北欧国家却逐渐发展出了独特的斯堪的纳维亚风格。他们的产品不仅具有传统的美，还具有强烈的自然感，是仿生设计逐渐成熟的体现（图 6-4）。这种风格在注重图案装饰性、传统与自然形态的重要性的同时，还强调设计中的人文关怀和审美情趣，可以说使得仿生设计更具有情感化，是仿生设计史上的又一次重要飞跃。

图 6-4　斯堪的纳维亚风格的仿生座椅

（5）当代主要国家不同设计风格——仿生设计的挑战阶段

二战以后，设计风格有了新的发展，进入了当代设计阶段。西方国家经过二战后的经济复苏，新技术、新材料逐渐出现，这成为仿生设计发展的有利物质基础。此时人们受两次世界大战的影响，开始对制作枪炮的工业机器感到厌倦，认为这些机器是冷漠的毫无亲切感可言的功能设计，于是具有人情味的有机形态设计此时就应运而生了。设计风格中的有机形态无外乎取材于自然，在前人对仿生设计研究的基础上更加注重人文关怀。这一时期以德国著名设计师路易吉·克拉尼为代表，他的作品中常常包含空气动力学和仿生学的特征，多用于交通工具设计（图 6-5）。

图6-5　克拉尼设计的有机形态仿生飞机

意大利的设计有自己的一套思想体系,或者说是一套设计哲学。意大利设计风格以新材料、新工艺的开拓为基点,不过分注重细节,而是在不断开发新形式上下工夫。设计师们认为"形式"基于"功能",美观胜于实用,在仿生设计方面表现出了强烈的个性化特征(图6-6)。

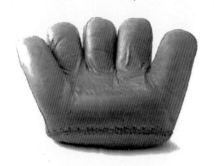

图6-6　意大利设计师设计的手形沙发

法国人素来以浪漫著称,他们的设计也同样秉承了这一传统。法国设计师菲利普·斯塔克的设计作品整体都采用流线型的有机形态,线条流畅、伸展,设计风格颇有新艺术运动时期的味道(图6-7)。

图6-7　菲利普·斯塔克的设计

日本作为一个东方国家,在接受西方先进文化的同时也继承了自己的优秀文化传统,在日本的设计中,现代与传统风格并非相悖,而是共存。日本的仿生设计在近代也得到了发展,产生了很多仿生设计的大师级作品,如柳宗理设计的蝴蝶凳、梅田正则设计的花形沙发等(图6-8)。

图6-8　梅田正则设计的花形沙发

这一时期的设计风格出现了百家争鸣的现象,但富有自然主义和人文关怀的仿生设计思想却在众多设计风格中或多或少都有所体现。但要在前人已经研究相对成熟的仿生设计中占有一席之地,便需要我们这一代人不断努力探索,可谓是仿生设计的挑战阶段。

(二)仿生设计的作用

在大千世界里,自然界中某些生物的本领,真可谓是"无所不能"和"神奇无比"。令人欣慰的是,被称为"万物之灵"的人类,能够虚心且耐心地对这些神奇的生物进行观察和学习,从而在许多生物身上得到启发获得灵感,而有所发明和创造。

大自然在亿万年的进化过程中,优胜劣汰,随着时间的慢慢推移,宇宙间的生命体已经拥有了属于自己独特的适应环境的各类技能,这一切完美的技能构成了人类汲取养分的天然宝库。其实仿生设计并不是最全新的设计理念,模仿生物体的形式及生命规律的创造性设计思想一直存在于人类历史进程当中。从20世纪开始,人类对地球资源掠夺式的开发,导致了人类历史上种种能源危机和环境恶化,人类的生存面临着严重的威胁。痛定思痛,人们决定要重新认识自然,希望从中寻找人类和自然和谐共处的新途径。如今,在科学技术的带动下,仿生设计开始由原本的形象仿生开始,转变成以生态为目标的功能上的、材料上的以及结构上的综合性十分强的性能仿生,希望通过这些新的创意手段不仅可以满足人类舒适程度上的需求,更能减少能源与资源消耗,降低环境的负担。

从大的方面来说,关于仿生设计的主要作用,总结起来可以归为以下两条:

1. 仿生设计有助于促进人类社会与自然环境的和谐统一

仿生设计是通过一定的技术手段将大自然的美以产品的表现形式呈现于人类的生活环境中，可以说是现代设计发展的一大步，是社会进步的反映。因此，将仿生设计运用到人们生活生产的各个层面，把人类社会与大自然紧密结合起来，已经是现代社会的必然需要。大家都知道，大自然的奥秘可谓是无穷无尽，自然界中万物的形成、变化和发展都遵循着一定的自然规律，当然这也包括万物之灵的人类在内。仿生设计是通过把人和自然界的其他的生物相结合而形成的，所以仿生设计也要遵循自然发展的规律。仿生设计以独特的设计观念与设计方法，不断去探索人与自然的关系，坚持人性化的设计，满足人类对大自然的好奇心，将大自然与现实的人类社会距离拉近，从而达到且完成了人类社会与自然高度的和谐统一。

2. 仿生设计能够促进现代工业设计更好地满足市场的需求

仿生设计对丰富多样的自然生物的模拟与创造，带来了丰富多样的设计产品，为市场和消费提供了更多的选择性。可以说仿生设计很大程度地促进了现代工业设计的发展。以往的工业设计一直注重产品的功能价值，推崇功能主义主导形式主义的设计观。不一样的是，仿生设计运用形态主导产品设计，使产品更具视觉冲击力和美感特征，因而设计出来的产品更具市场竞争力。更重要的是，仿生设计表现了丰富的文化、趣味和情感，拥有更符合人性化的特点，使人们在购买的同时还感受到了满足、快乐和趣味无限的感觉。另外，仿生设计借助于更多的科学研究成果，发挥更为广阔的想象空间，把艺术与科学技术紧密完美地结合于一体，因而将仿生设计推向了更高的层次，使其发展更具科学性，更具影响力。

另外，从小的方面来说，仿生有着多种不可思议的作用。首先，仿生就可以促使人类创造更加优异的成绩。例如美国著名短跑运动员谢里尔通过对袋鼠跳跃的观察和学习，创造性地将其应用于短跑中，发明了下蹲式起跑法，其速度比以前快很多。其次，仿生可以启发人们在生活中进行新颖的设计。例如北欧一些国家根据学习犀牛被激怒时的触角，将破冰船设计成这个样子，使其冲破力大大增强。然后，通过仿生可以制作掩护装备。通过观察和学习斑马身上黑白相间的条纹，军用飞机上画有许多带菱角的几何图块，这样可以混淆视线，让敌人分不清飞机的头和尾部。再如人们仿照变色龙适应周围环境善于改变皮肤颜色这个特点，研制出一种可以自动改变颜色与周围环境始终保持一致的服装。最后，通过仿生的运用，还可以赢得关键性的战争胜利。例如1941年8月，列宁格勒（现为彼得格勒）笼罩在德军的层层包围中，军方与昆虫学家探讨和商议，通过学习蝴蝶翅膀上的花纹，综合运用保护迷彩、变形迷彩和仿照迷彩，设计出一整套有效的防空伪装，让德军完全找不到目标，只有胡乱扔下炸弹，这就是历史最伟大的一次"蝶翅防空迷彩伪装"。

（三）关于仿生设计学的特点

仿生设计学的基础就是仿生学和设计学，因此它具有这两者的一些共同特点。总的来说，仿生设计学具有以下五个特点，我们将对其做一一介绍。

1. 艺术及科学性特点

仿生设计学和其他设计学科一样，具有一个共同特性，那就是艺术性。又因为仿生设计学以一定的设计原理、仿生学理论以及科研成果为理论依据，因此又具科学性。

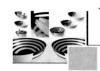

2. 商业性特点

仿生设计是与市场紧密联系在一起的,因此优秀的仿生设计作品可以吸引消费者的目光,加强其购买欲。在前一节里,我们已经具体讨论了仿生设计可以将功能美与形式美完美结合,以此来满足人们日益膨胀的欲望,这正是仿生设计的商业价值所在。

3. 无限可仿生性特点

我们进行的每一次仿生设计,都是以大自然的生物体为设计仿生模型,因此我们的作品都可以找到其模仿原型。依据该设计而生产出的产品在市场中如果遇到什么困难,通过及时的反馈和改进,又可以促进仿生设计的发展。因为大自然中生物体是无限的,因此可供我们仿生的原型也是无限的,只要我们潜心探索与学习,那么我们的设计创意也将是无止境的。

4. 学科知识的综合性特点

我们要进行仿生设计,并且创造出优良的设计,那么我们需要懂得的和应用的知识是相当多的。我们不能片面地进行设计,而是要将多种知识进行综合运用。因此,我们除了必须具备设计学和艺术学、仿生学方面的知识外,还要具备其他学科知识,例如生物学、物理学、数学、人机工程学、心理学、材料学、空气动力学、经济学、设计美学、传播学等等。如果我们想要对仿生设计学进行深入的研究,那我们在具备艺术学和设计学的基础上,还必须要对生物学、社会科学以及当前仿生学成果有清晰的认识,所以说仿生设计是多学科的综合。

5. 无限创造性特点

设计的内涵就是创造。值得大家加强注意的一点是:仿生不是原封不动地模仿生物原型,而应该是以自然界中的一切生物原型为依据,设计师通过创造性思维及自己的专业知识,进行二次甚至更多次创新以获得想要的产品——这一过程才称得上是产品设计中的仿生设计法。

在今天这样一个高科技、快节奏的市场经济社会下,产品更新换代的周期日渐缩短,这就要求我们设计出来的产品必须不断改进、更新和创新。在产品设计中运用仿生设计,不仅可以做到增强产品个性、艺术性以及趣味性,同时还可以增加消费者与产品之间的情感互动。因此,可以说仿生设计极大诱发了人类的想象,丰富了产品的视觉语言,体现出其在产品设计中强大的感染力。

"艺术源于生活"。我们进行的产品设计中,仿生设计的灵感源于自然界,自然界中无数的生物形态是设计师取之不尽的素材。从自然界中的色彩、材质或是形态再到生物体的各种结构,都可以成为设计师模拟的对象。这些模拟,可能是对自然界局部的模拟,也可能是整体模拟;既可能是自然界中存在的真实形态,也可能是来自于设计师思考后形成的抽象形态,这一切再经过设计师通过自己的知识技能对其进行提炼和升华,最终形成具有创意性质的设计。总之,仿生设计就是通过创造性思维,使产品的设计力求达到技术美与艺术美的完美结合。

比如,为了延长人们的寿命,科学家们可谓是挖空心思,最终从植物光合作用中获得灵感,这为医疗界提供了一条崭新的道路。随着科学上对人脑研究的日渐进步,指望在不久的将来计算机更智能,拥有着与生物原理相媲美的功能,到时看今天的电脑则像是过去的算盘一样。再例如,未来社会的建筑也有可能改变模样,随着人们对生物体结构和形态的研究,人们有一天将会从这个人造环境里重新回归自然的怀抱。

（四）仿生设计的研究对象

仿生设计旨在通过对动植物、生物、微观结构、微观形态等的研究，借鉴其形态、结构、色彩、肌理及材质等特征用于相对宏观的产品设计中。

1. 动植物的结构和组织

动植物的形态、色彩、功能等早在古代便已被广泛应用于仿生设计中。随着现代科学技术的发展，人们借助各种科学手段，对动植物体的结构和组织已逐渐了解，这些结构和组织的合理性与功能性也慢慢为人们所重视（图6-9），尤其在医学与军事领域应用较广。现在对人类来说已经产生跨时代意义的仿生眼、仿生耳、仿生手臂（图6-10）、仿生腿等等已经为人类的发展做出了极其突出的贡献。

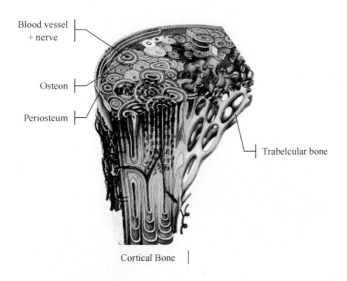

图6-9　具有丰富合理结构的动物骨组织

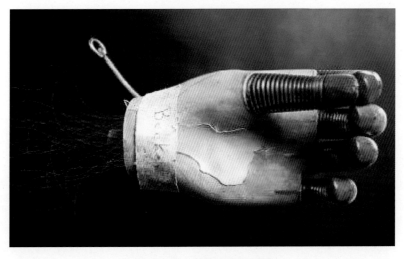

图6-10　高科技仿生手臂

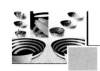
然而由于研究成本较高,这一研究成果主要应用在比较先进的高科技领域与军事领域,不过相信随着技术的发展,对动植物微观结构和组织的仿生研究也会为我们的日常生活带来极大的便利。

2. 生物

生物在地球上的存活时间要远远长于人类,分为可见生物和不可见微生物。微生物由于其肉眼不可见性,直到16世纪末荷兰的眼镜商札恰里亚斯·詹森与科学家汉斯·利珀希发明显微镜以后,人们才开始慢慢揭开微生物神秘的面纱。微生物是包括细菌、病毒、真菌以及一些小型的原生动物、显微藻类等在内的生物群体,其形体微小易成群存在,正因为这一特性,人们对微生物的仿生多是对其群体特性进行借鉴。

西班牙设计师 Miguel Angel García Belmonte 根据珊瑚群所设计的灯具便是借鉴了有生物组成的珊瑚群的群体形态所呈现出来的黑色、白色、粉红色和红色相间的特殊形态特征(图6-11)。

图6-11 模仿珊瑚群的灯具设计

3. 自然形态中的结构和组织

人类的眼睛虽然非常敏感精确,然而,面对大千世界,眼所能见的却极为有限。我们的眼力只能看到直径百分之一寸的物体,差不多等于一粒细沙的大小。由于时间、距离与体积等因素,自然界还有无数的景象,我们肉眼却难见。如果我们的视线能够超越正常的视阈,我们将迈入一个崭新的世界。显微镜的问世显然弥补了人类眼睛自身的局限。它引领我们进入超视觉世界并颠覆常规审视自然的习惯,赋予当代艺术设计以史无前例的创作素材和灵感。

自然微观世界根据其种类存在不同的形态,或圆润饱满、或瘦像遒劲、或粗糙浑厚、或晶莹剔透,由此构成了奇特的微观世界。这些形态尽管各异,但存在着共同特点:多数形态的外轮廓以流畅的曲线为主,充分突出了生命形态的有机感特征。这些浑然天成之作无需外加因素也符合人们的审美要求。它们结构完美,构造奇特,形态生动,在构成关系上对应了种种形式法则的要求(图6-12)。

图 6 - 12 黄磷铁矿的微观结构

（五）仿生设计的研究内容

仿生设计的研究内容非常广泛,只要是比现存产品具有优越性,值得设计师借鉴模仿的自然物都属于仿生设计的研究范畴。仿生设计是自然规律的进一步总结与提炼。自然界形态、结构在某些方面的特征,远远超越了人类自身的研究成果。对这些形态与结构进行研究学习不仅能够丰富仿生学的宝库,而且能够完善仿生学在应用上的理论意义。

1. 形态仿生

形态仿生是指将自然世界的形态经过重新构思、组合从而设计出具有形态特征的产品的过程。自然界存在着大量的形态,其奇特的造型特征不仅丰富了设计中的造型语言,而且使设计方法和造型原理有了新的选择。

不论是具有完整形态的高级生物体,还是只具有单分子结构的简单生物体,都可以作为我们用在产品形态中的形态元素。二者我们都可以对其进行造型上的直接借鉴,也可以通过运用抽象、意象等仿生方法对其形态进行简化、抽象,然后加入设计师的主观思想来进行创新设计。

对形态的直接借鉴属于表层、浅显的仿生手法,然而却易于被用户感知并接受;高度抽象的仿生形态虽然属于设计师高层次的思维创作活动,但对受众的文化、审美水平均要求较高。因此,从用户心理角度考虑,通过直接借鉴的具象仿生手法更贴近自然,更富有生活气息,多用以进行与人密切相关的家居用品的设计,如人体红细胞形态,其圆润的形态结构可以供我们借鉴学习(图 6 - 13);相对而言,运用抽象仿生设计手法的设计物更具有艺术气息、时代感、科技感强,是艺术与文化的象征,多用以进行艺术品的设计。

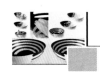
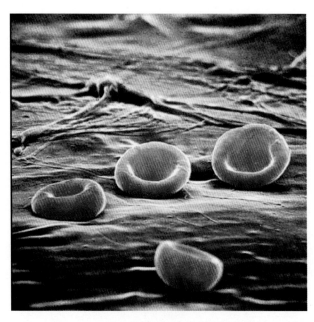

图 6‑13　人体红细胞形态与现代沙发设计

图 6‑14 是美国宾夕法尼亚神经系统学博士 Greg Dunn 利用自己所能接触到的材料——也就是我们大脑中的神经元——制作出的世界上最独特的艺术品；Dunn 将神经的优雅形态以亚洲的水墨艺术风格表现出来，小到只能通过显微镜观察的神经元在经过不同浓度的染色后，产生了丝毫不逊色于大自然中的树、花和动物等传统形式的美感。

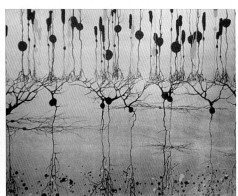

图 6‑14　大脑中的海马体神经元与视网膜神经

2. 结构仿生

结构仿生主要研究如何在设计中应用生物体及自然界中存在的微观物质的结构原理。通过研究的原理对现有的技术进行改进，或者应用到新的技术领域，用来促进产品的优化创新。微观结构仿生设计对于动植物的微观组织，诸如细胞、神经、纤维等各种组织研究较多，多用在医学领域和建筑设计领域。如为 2008 年奥林匹克运动会场馆之一的国家游泳中心"水立方"（图 6‑15），其结构形态设计受水分子形态的启发，3 000 多个大小形状不一的钢框晶粒相互咬合堆叠，形成结构主体，晶粒单元外裹热力学性能和透光性都极好的 ETFE 膜，

结构与建筑浑然一体,建筑外观晶莹剔透,充满诗情画意,是结构仿生原理应用于设计的里程碑式建筑。

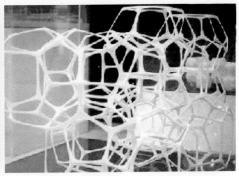

图 6‐15 国家游泳中心"水立方"和水分子模型

1967 年富勒(Fuller)和赛道(Sadao)一起设计建造的加拿大蒙特利尔国际博览会的美国馆(图 6‐16),是一座结构与 C60 原子结构极为类似的球体建筑。这座建筑高 60 米,直径76.2 米,建筑外部是塑料结构,可任意开合,到夜间灯光照亮,通体透明,犹如星球落地,在当时展览会上极为引人注目。

图 6‐16 蒙特利尔国际博览会美国馆与 C60 模型结构

3. 功能仿生

新产品的开发设计往往是对新功能的设计,如潜艇储水室的设计是模拟鱼鳔功能,当储水室排水时,潜艇就会因为重量减少浮起来;抽水时,潜艇就会因为重量加大沉下去。又如贝壳,贝壳坚固、无裂缝的特性为改进建筑物材料的性能研究提供了设计参考;橙子表皮的结构和内部的薄膜能起到保护橙子果肉的作用,受橙子皮的启发,研制出了如橙子皮结构的缓冲包装和母子结构的包装。

人造卫星在毫无遮蔽的太空中很容易受阳光辐射的影响,直接照射几分钟卫星的表面温度便会升到 200 多摄氏度,但当卫星运行到阳光照射不到的阴影区域时,温度又会降到－200摄氏度。卫星上很多的精密仪器都禁不起如此大的温差变化,因此,科学家为此很是头疼。

生物学家发现,蝴蝶体表有一种能够调节体温的微小鳞片,环境温度较高时,鳞片便可

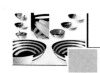
以转动角度以削弱太阳的直接辐射;相反,环境温度较低时,鳞片又可以闭合以减少热量的散发。于是科学家们根据蝴蝶鳞片调控体温的原理为卫星设计了一种控温系统,这才使得这一问题得到解决(图6-17)。

图6-17 蝴蝶鳞片与人造卫星

生物体结构和功能的学习,一直是人类研究的重点,通过自然界的优选和淘汰,呈现在我们面前的可以说都是自然界设计的杰作,是人类取之不尽的灵感来源。

4. 色彩仿生

自然界中的色彩具有防护性、伪装性和装饰性等功能。而自然界的微观结构、组织具有的丰富色彩及装饰图案值得人们学习与借鉴,丰富的色彩语义充满了识别的趣味性。从生物体表色彩的伪装性上人类获得启示,设计了同样具有伪装功能的迷彩服,增强了人类作战时的防御能力。

自然不同色彩之间的相互对比、相互调和,不同明度、色相和纯度之间对比引起了人们的生理和心理的共鸣。自然色彩的图形和色彩范例本身就是一种美的形态。图6-18为15倍显微镜下害病象牙的稀薄部分,其鲜艳的色彩令人惊叹。将其中的色块进行解构,转化成可以应用于设计中的色彩、图形,无论是从色彩搭配上来看,还是从图形组织上来看,都是人类不断学习研究的源泉,让我们都不得不惊叹于大自然的精湛手笔,创造了这样浑伦磅礴、气象万千又结构精巧、秩序井然的生命体系。

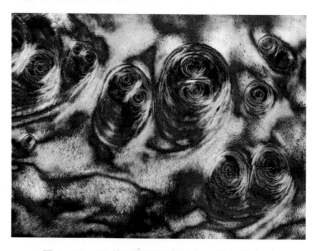

图6-18 15倍显微镜下害病象牙的稀薄部分

色彩不能独立存在，色彩所产生的情感也是如此，当色彩与其相符的形象共同存在时，才会产生某种情感上的意义。因此在将色彩应用于产品时，不仅要考虑美观上的因素，同时还要考虑到色彩给人带来的积极的精神功能。

色彩在工业设计领域中主要是用来美化产品；色彩作为设计的一个重要的构成要素，被用来传达产品功能的某些信息。产品的色彩设计要把形、色、质的综合美感形式与人、机、环境的本质内容有机地结合起来，才能取得完美的造型效果。

5. 肌理及材质仿生

肌理和材质仿生是指设计师通过观察发现自然界中微观生物体或微观结构组织的表面纹理、材质，对其特征加以借鉴及处理进而用于产品设计之中。自古以来，人们在设计中便会体现肌理所传达的丰富的情感，肌理的光滑感可以令人联想到精致、严密，肌理的粗糙感则传达出狂野、原生的意义，而柔软的肌理则使人有安全、自然的心理感受。并且肌理中元素的不同排列方式也会产生不同的涵义，如果想表现工业化的感觉，则设计师会使用排列规则有序的肌理；相反，想表现具有自然气息的感觉，则会使用排列随意、不规则的肌理。

材质对产品性格的塑造有很大的影响，模拟自然界的体表色泽、纹理，我们可以塑造出新的性格的表面材质。如服装布料的设计模拟了玉米苞皮的肌理，增强了服装的可塑性，产生了易碎、生脆的视觉效果，同时褶皱感也营造出一种狂野立体的风格，具有很明确的产品语义信息。对生物肌理的模拟与研究，往往造成了新材质、新肌理的出现，对塑造产品性格有了进一步的探索。

在悉尼奥运会上，一件鲨鱼皮泳衣在体坛界引起轩然大波。这种鲨鱼泳衣根据海中霸王鲨鱼的皮肤结构与肌理设计了一种粗糙的齿状凸起，这种凸起能有效地引导水流，并收紧身体，避免皮肤和肌肉的颤动（图 6-19）。此后，第二代鲨鱼泳衣又加入了一种叫做"弹性皮肤"的材料，可使人在水中受到的阻力减少 4%，这不得不说是人类在微观材质仿生中的一个重大突破。

图 6-19　鲨鱼皮泳衣与鲨鱼皮肤结构图

6. 意象仿生

意象仿生是指在进行仿生设计时不但要考虑对仿生原型形态的仿生，最重要的是要表达出其内涵中隐喻和象征的符号意义。采用微观生物形态的同时也注重对其神韵的表达，使产品神形结合,以形传神。微观意象形态仿生设计是微观仿生设计高级阶段,关键是找到原型和产品设计对象之间存在的某种特定的联系,通过对产品和自然物的比较,找出自然物与产品之间的内在关系。

7. 动态仿生

微观动态仿生是指将自然界中具有动态的生物、结构、组织等在微观时间里(即瞬间)所呈现的形态经过重新构思加工进而用于产品的形态设计中的仿生过程。微观动态仿生设计从一个新的角度来考虑产品的造型,打破了人们日常思维的定势,给产品造成一种人为的动势和不稳定感。自然界中动态的生物、物质及结构、组织很多,但因为产品造型稳定性的局限,动态很难表现成固定的造型,然而从另一角度考虑,采取动态物体在微观时间内的造型,从而使产品具有了另一层面的创新意义(图6-20)。

图6-20 应用了微观动态仿生的鱼缸

二、仿生学的分类

仿生学是一门涵盖非常广泛的学科,大到天文地理,小到分子细胞,都能成为仿生设计的仿生对象。因此,对范围如此之广的学科就有必要分门别类以精确其研究范围。

(一)按仿生对象分类

1. 动物仿生

动物仿生是仿生设计中最为常见的,它主要是指通过模仿借鉴动物体的整体或局部的某些特征来进行设计的方法。动物界中被模仿的比较多的是脊椎动物和节肢动物,即鸟类、哺乳类、两栖类、爬行类以及昆虫类等。由于动物与人的关系非常紧密,并且人们对动物的形态特征也比较熟悉,因此动物仿生在仿生产品中占到很大的比例。设计师在选择动物为仿生原型时一般情况下是选择动物的形态、结构、色彩和肌理。动物的形态仿生手法在古代比较常用,通常是由于人们崇拜某类动物而将其形态作为某种象征运用到设计物中,而近现代多借鉴动物的结构进行设计(图6-21)。

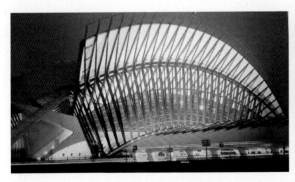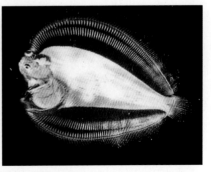

图 6 - 21　里昂萨托拉达火车站与比目鱼的曲线骨

2. 植物仿生

植物仿生指通过借鉴模仿植物体的整体或局部的某些特征用于设计中的方法。世界现存植物据估计约有 350 000 个物种,这为仿生设计提供了丰富的资源。当然并非所有的植物都可以用来进行设计,必要时我们需要对其进行分类研究。一般来说,根据模仿植物不同部位,如根、茎、花、叶、果实等等,我们需要用不同的设计方法。现阶段比较常见的是植物仿生中的形体仿生(图 6 - 22)。

图 6 - 22　植物仿生的酒杯设计

3. 微生物仿生

微生物仿生指通过借鉴人们肉眼不容易观察到的微生物的某些特征进行设计的方法。微生物因为其形态特征不易观察等局限性,因此国内外对其进行仿生的研究非常少。然而微生物在地球上的存在时间远远早于人类,其很多特征值得我们借鉴学习,并且 21 世纪生物科学的发展也逐渐开始揭开微生物神秘的面纱,因此,对微生物进行仿生很可能成为 21世纪或者接下来的几个世纪里仿生界的一个重要话题。

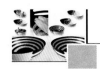

4. 无生命物仿生

无生命物仿生属于广义仿生的范畴,可分为自然物的仿生和人造物的仿生。从严格意义上来说仿生学主要是模仿有生命物体的特征,但自然界中存在的无生命物也有很多值得我们学习借鉴的方面,大自然就是一般动植物的生存环境,有些观点认为这是属于新兴的自然设计的范畴,但一般来说,自然设计是仿生设计的延伸阶段,因此也可将其归为仿生设计。

(二)按仿生手法分类

1. 具象仿生

具象仿生指设计物与仿生原型的形态较接近,人们很快便可识别出仿生原型的形象,判断出其种类并能理解其所代表的含义。具象仿生具有较多的仿生原型的特征,设计师较少对其加入自己的意念,因此,这种类型的仿生设计可以比较直观地呈现出仿生原型的主要特征。

这种仿生手法对受众的理解和欣赏水平要求较低,比较容易被大众接受。

2. 抽象仿生

抽象仿生是指对仿生原型的主要特征进行概括、凝练、提取出其特征元素,而后对其进行夸张、变形等处理,从整体上展现其形态、结构、色彩、肌理等特征。这种仿生方法因为对仿生原型的特征进行了处理,因此在识别性上不像具象仿生那么直观,对受众的欣赏理解水平要求较高。

3. 喻象仿生

喻象仿生指在仿生原型的基础上加入个人的想法与意念,使设计物超越了原型而更多地表现出其特征之外的文化、背景等内涵意义。喻象仿生是对具象仿生与抽象仿生的升华,其设计意义远远高于这两类设计。

(三)按仿生角度分类

1. 宏观仿生

宏观仿生是指设计师利用肉眼比较容易观察到的自然物的形态、色彩、肌理、结构等设计出产品的过程。一般来说,宏观仿生还包括动物仿生、植物仿生以及其他无生命自然物的仿生。设计师在将其应用在自己的设计之中后,观察者能够比较顺利地识别出这些形象,从而达到解读设计内涵的目的。

2. 微观仿生

微观仿生是指通过模仿微生物、动植物的微观组织或自然界中其他微观形态、结构的特征与功能来设计产品的过程。因为微观领域的仿生相对动植物仿生来说,对设计师在自然科学方面的理解及研究能力要求较高,因此,这种仿生方法在工业设计中较少使用。实际上自然界中存在着大量的微生物、微观形态和微观结构,其中也不乏在视觉上的完美形态及结构,因此,模仿微观形态是工业设计仿生学的一个具有现实意义的研究方向。相信随着自然科学及电子信息技术的发展,微观领域会逐渐受到设计师的重视,微观仿生也会慢慢向世人展现其独特的魅力。

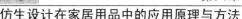

3. 宏观仿生设计与微观仿生设计的联系与区别

宏观仿生与微观仿生相辅相成,而并非独立存在的。设计师可以借助宏观形态的微观结构来设计产品,也可以从微观形态聚集形成的宏观状态中获得灵感。然而,由于微观事物的局限性,有很多微观特性我们往往很难察觉,必须借助于科学仪器或其他科学手段来探究。

因此,宏观仿生已为人们所熟知,研究领域也相对比较广泛,微观仿生至今罕有人提出观点。然而,微观事物对设计的重要性丝毫不亚于宏观事物,因此,笔者认为我们还是很有必要对微观事物进行探究,根据其特性来将其优秀之处应用到设计中。

三、仿生设计在家居用品中的应用方法

(一) 微观仿生物的特征分析

1. 自然界形态特征的客观认知

各种自然界形态在长期的生存演变中,都形成了自己独特的客观属性,它们都是自然界客观、真实的存在。对自然界形态的客观认识就是尽可能地消除主观因素的影响,理性、客观地认识和把握其形态最原始真实的一面,更全面地了解其形态与概念,从而为设计服务。

(1) 形态的结构特征

物质所具有的特性决定于该物质的内部结构,结构的变化将引起物质宏观特性的改变。自然界将看似不相关的一些形状与科学的平面结构联系在一起,特别值得注意的是微观的生物结构具有很强的形式逻辑感。

生物学家研究了大量的叶脉后,发现其构造原理很优越,这种构建叶脉网络的方法可给城市设计师们以启迪。阿普利亚小镇(一个欧洲的普通小镇)是这一实验的典范,从空中拍摄的图片中可以清晰地看到旧城墙和城市网络(图 6-23)。每条线的稠密度表明最短路线的频率,最短线路总是经过镇中心的一条狭长小路,同时它们显示了实际采用的线路,外围使用最多但不是最短的线路,而是通常最快的线路。未来的道路设计也许会按照树叶的叶脉来规划。

图 6-23 具有合理结构的叶脉

（2）形态的色彩特征

不同的形态在不同的时间、不同的环境下都会呈现出不同的色彩。不仅如此，每一块色彩都具有特殊的、不可替代的存在价值与地位，互相之间形成特定的秩序和重要的意义。对生物来说色彩首先传达的是生命的意义。微观形态的色彩与我们肉眼可见形态的色彩有所不同，微观形态的色彩更加艳丽，在更小的空间中表现出更丰富的内容（图6-24）。

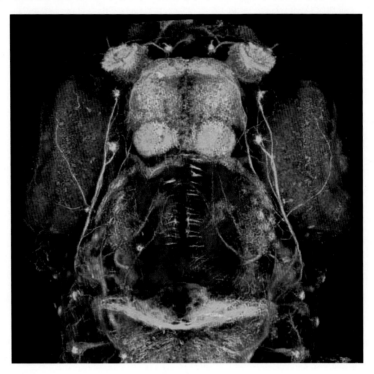

图6-24　放大20倍的斑马鱼头部

2. 形态特征的主观认知

对形态的认知也有许多方面是受主观影响的。例如有些形态被认为是美的、有益的，是人类的朋友，而另一些形态被认为是丑的、有害的，是人类的敌人；有些形态被赋予这样或那样的特殊意义，成为其他事物的象征或代表，成为人类精神生活的一部分。对形态的主观认知可以分为两个方面：形态的美感认知与形态的意象认知。

（1）形态的美感认知

人类从世间万物中总结归纳出的关于美的形态与结构形成的规律，这便成为美感。随着时代的变迁，美的形式原理成为今日人们公认与自觉遵循的创作法则。形式美是美学名词，指客观事物和艺术形象在形式上的美。例如对称、平衡、统一、黄金分割，以及如英国克莱夫·贝尔所说的"有意义的形式"等，都是指形式的美。只有美的形式才能更好地表现美的内容。微观形态由于其多表现为群体特性，因此能更多地表现出有节奏与韵律、对称并且平衡的自然美感（图6-25）。

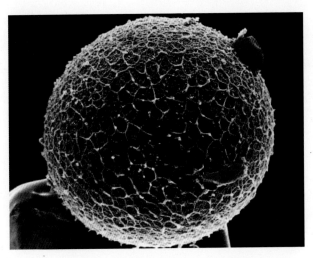

图 6 - 25　带有冠状细胞的人类卵子

（2）形态的意象认知

　　形态的意象也是存在于人对自然物的主观认知过程中的，是主、客观因素相互作用的结果，所以也表现出多义、多变的特征。人们日常肉眼可见到的形态多是以人类的主观经验为基础形成的，微观形态由于其肉眼不可见性，其意象以其客观的自然属性为主。人对微观形态意象的认知是人类在认知外界事物时主观能动性发挥作用的最好体现。人类与自然生物的关系，人类的种族文化和传统特征，人类社会意识与价值趋向，人类群体或个体的经验、情感和习惯等不同层次和侧面的因素，对意象的认知在一定范畴和层面上仍反映出许多规律和统一性。如微观形态规律致密的排列形式是坚固可靠的象征，松散有序的排序形式则是代表着亲切（图 6 - 26）。

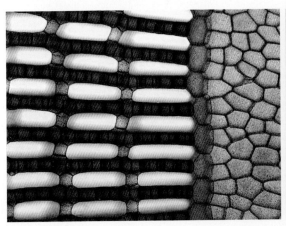

图 6 - 26　不同排列方式的微观组织

（二）仿生设计在家居用品中的应用方法

　　根据分析的仿生物的特征，将这些方法用于仿生设计中，从而探究出仿生设计在家居用品中的应用程序。

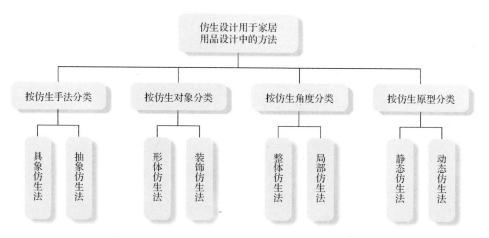

1. 具象仿生法与抽象仿生法

具象毫无疑问是指具体的形象。在艺术领域和设计领域里,具象一般是指客观存在能够看得见摸得着的形态,包括自然界中存在的动植物体、生态环境以及人造品等等,具象形态相对来说具有直观性,它是自然界中所有形态的基础。抽象是相对具象而言的,抽象并非客观存在的,而是人类对客观事物的想象,通过提炼、夸张、变形等手段使其在具象物体上表现出来。早期的家居用品在仿生手法上多使用具象仿生法,但是随着科技的发展,人们对自然界也逐渐了解,具象的物体已满足不了当代人对新鲜事物的追求,并且在现代主义盛行的今天,简洁的几何美逐渐受到人们的理解和推崇。因此,现代家居兴起,抽象仿生手法慢慢占据了主要地位。然而自现代主义发展到现在的半个多世纪里越来越多的人开始对冷冰冰的简洁形态感到厌倦,自然主义在这个由几何形态组成的社会环境里慢慢地潜滋暗长,所以后现代主义又有重新向具象仿生靠拢的趋势。

(1) 具象仿生法

仿生设计对于仿生原型的应用在手法上最直接的当属具象仿生。具象仿生法以仿生原型的形态特征为出发点,在设计对象上逼真地再现这种特征。

在家居用品设计领域中,具象仿生法指设计师将仿生对象的形态、结构直观地运用于家居用品的设计中,这种仿生方法较少添加设计师的主观意念。正因为如此,具象仿生法表现出的仿生对象的特征比较容易被用户识别,对受众的理解和欣赏水平要求较低,这对家居用品设计来说是非常重要的。通过上文对古今中外仿生家居用品的分析,我们可以发现中外早期的仿生家居用品中这种仿生手法比较常见(图 6-28)。

图 6‑28　根据细胞组织设计出的坐具

（2）抽象仿生法

自然界中的生物形态特征并非都能够清楚明显地从静态中表露、显现出来，因此需要设计师从另一个角度去表达，用象征、隐喻的抽象仿生手法对其进行模仿借用。通过"以形传神"来唤起各种人与物的情感联系，用以满足人们的好奇心。抽象仿生法不仅要求形态准确、贴切，而且还要完整、明确，力求用最简洁的手法表现。

在家居产品设计领域，抽象仿生法指设计师并非直接将仿生对象的具体特征应用于产品中，而是对其形态、结构、色彩、肌理、材质等特征进行不同程度的概括与凝练，然后通过夸张、变形等手法从整体上提炼其意象特征，最后将其用于家居产品中的过程（图 6‑29）。家居产品的抽象仿生方法虽然表现的是仿生原型比较意象化的特征，但也并不是不存在的，而是一种客观的逻辑方法。正如苏珊·朗格所说："我们从来不会越过这个艺术品的视觉形象本身去寻找另一种与它分离的和诉诸思维的逻辑形式，更不会继续超越这个逻辑形式去寻找它所传达的意义或寻找某种与它同构的情感形式。那动态的情感形式是与作品直接熔合在一起的，而不是以它为媒介物传达出来的，情感本身看上去就是存在于绘画里。符号性的形式，符号的功能和符号的意味全都融汇为一种经验，即融汇成一种对美的知觉和对意味的直觉。

图 6‑29　根据微观组织抽象设计出的椅子

2. 形体仿生法与装饰仿生法

形体仿生与装饰仿生也是很重要的两种仿生方法。所谓的形体仿生法是指整个设计对象的形体和形态特征均来自于仿生对象,经过设计师对其仿生形态特征的艺术加工处理而呈现给受众的过程。有时设计对象的整个形态特征并没有明显的仿生痕迹,只是在其附加的装饰物上模仿动植物及自然形态,我们通常称其为装饰仿生法。装饰仿生法是相对形态仿生法而言的,二者并非互相对立的方法,在中外仿生设计作品中更常见的是两种方法相结合,共同达到仿生目的。

(1) 形体仿生法

家居用品的形体通常较为圆润柔和,较易于使用,这与生物体具有自然亲和力的形态不谋而合。因此家居用品中形体仿生比较常见,家居用品对生物形体的模仿是现代美感和人体心理舒适度最默契的结合(图 6‑30)。

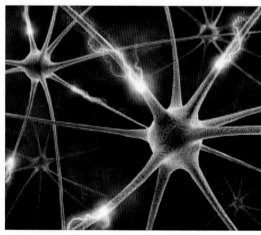

图 6‑30　现代灯具与人体神经示意图

(2) 装饰仿生法

装饰是家居中必不可少的一部分,也是家居用品中非常重要的组成元素。随着生活质量的提高,人们的文化品位也在逐渐提升,冷漠的几何形现代主义产品已远远不能满足人们心理上对美和自然亲和力的追求。装饰物虽然是家居用品功能之外的附加元素,却是产品

上美的主要体现部分。家居用品通过装饰的仿生,可使整个产品的功能、结构和造型达到有机的结合,从而更加适用于家居环境中(图6-31)。从上文对仿生家居用品的历史脉络的梳理中我们会发现,中外早期的仿生手法大多以装饰仿生为主,直到现代装饰仿生也是家居用品设计中必不可少的一种方法。装饰仿生固然能达到美的效果,但也应适可而止,过度的一味堆砌装饰、注重装饰的视觉效果对产品使用者并不一定具有实际意义。清代的达官贵人们为了追求所谓的情趣,家居用品上雕满了变化繁多的图腾花样,完全超出了装饰所应具有的意义,不仅在视觉上显得繁琐累赘,对家居用品的清理工作也带来了很大的不便。

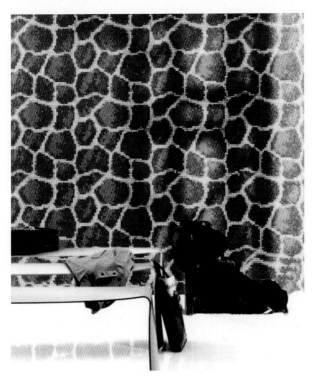

图6-31　现代墙纸设计与细胞壁结构

3. 整体仿生法和局部仿生法

我们在设计的过程中对自然界的模仿包括设计物对生物体或自然形态等仿生原型整体的模仿和局部的模仿,还包括整个设计物对仿生原型的模仿及设计物的局部对仿生原型的模仿。

(1) 整体仿生法

整体仿生是通过对自然界中的生物或结构等整体形态进行全面观察、分析和研究,并从其外观整体形态中提炼出形态上所具有的最本质、最具代表性的特征,进而用简洁、准确的手法对其进行变形、组合用以表现和描绘。人们在观察事物时最先观察到的肯定是其整体形象,因此在家居用品中运用整体仿生手法更容易令用户理解产品的仿生涵义。

俄罗斯设计师 Igor Lobanov 设计的这款可充气膨胀的家具用品,灵感来源于植物的细胞组织,你可以根据自己的喜好随时调整,一张床、一个沙发还是一个茶几,全由你的想法! 这一作品曾获国际设计大奖(图6-32)。

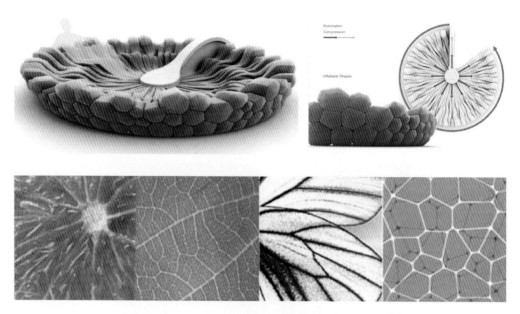

图 6‑32　Igor Lobanov 根据植物细胞组织设计的家具

（2）局部仿生法

局部仿生第一种是设计对象的整体借鉴仿生原型的局部特征，第二种是设计对象的局部模仿仿生原型的整体特征，第三种是设计对象的局部借鉴仿生原型的局部。这三种仿生方法都要求在进行仿生设计时选取自然界中生物或结构形态最有代表性的形态特征进行抽取、提炼和概括，讲究主次分明，突出占绝对优势的形态结构。在家居仿生设计中，局部仿整体与整体仿局部的设计手法最易应用，因为我们可将仿生对象的整体或局部特征运用于家居用品的装饰上，这种手法在古典仿生家居用品的设计中应用较为广泛。

4. 静态仿生法和动态仿生法

静态和动态在视觉上的区别非常明显，然而却很难表述。静态是相对动态而言的，世间没有绝对的静态。一般来说，当一个物体能够持续维持现有状态时所处的稳定状态我们往往便称之为静态。不言而喻，动态便是指物体不能够维持其现有状态而产生运动的趋势。

（1）静态仿生法

物体在一般情况下的状态均有动态与静态之分。当物体处于能够维持现有状态的稳定状态的静态时往往会呈现比较平和、安详、稳重的形态，设计师模仿物体这一时期物体所呈现的形态的过程便是静态仿生法。我们常见的家居用品仿生手法绝大多数都采用静态仿生法。

（2）动态仿生法

有时候人们为了打破室内常规的静势，也会采用动态仿生法来设计产品。动态仿生法即设计师通过模仿物体在生长、活动等不稳定过程中所呈现出的形态特征，进而用于设计中的方法。动态仿生主要有以下几种情况：

①产品表现出仿生对象的动态瞬间所呈现的特征的仿生设计；

②使用产品的过程中产生仿生对象的动态特征的仿生设计；

③产品的仿生元素令人联想到动态，使人感到不稳定感的仿生设计（图6-33）。

图6-33　动感仿生水滴灯具

动态仿生方法不仅可以给人带来心理上的不稳定感与新奇感，而且能够体现产品的速度感与活力。因此，这也是常用于家居用品设计中的仿生方法。

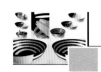

第七章 家居用品设计的应用程序分析

家居用品设计同一般的产品设计一样有着特定的设计流程,从确立家居用品产品概念到确立设计目标,再到对设计特征的处理。整个过程以家居用品的功能为中心,通过对其特征的分析、提取使其最终能够适用于具备市场需求特征的产品开发中。

一、确立产品概念

家居用品的存在具有其必然性,然而无论其造型设计的对象简单与否,都应该源于消费者的需求,消费者各种不同的需求是构成产品设计的原动力。对家居用品设计而言,消费人群的年龄差异、地域差异、文化差异、情感差异、品味差异等等均可能成为家居用品设计风格的导向标,因此在进行设计之前对消费者人群的定位分析和对市场环境的调查便显得至关重要。对家居用品来说,不同的家居用品类型会带给人们不同的心理感受。且从设计的符号学角度来讲,家居用品设计在产品语义的表现上存在着非常大的差异,从这一层面上说,对市场、用户及环境进行调查也是在进行设计前的必要步骤。

(一)对比同类产品——产品市场调研

对待开发的产品进行市场调研,主要目的是从宏观上了解和把握产品设计方面的相关信息,为设计师分析设计趋势、确立仿生对象、选择设计方向奠定基础。一般情况下,家居用品设计主要针对现有产品的形态、结构、色彩、肌理及产品仿生设计的必要性进行调研。

对家居用品形态的调研有助于设计师清楚地了解待开发产品的形态方面在市场上所处的具体位置,并根据具体定位来分析消费者人群及产品形态的风格特征。但一般而言,产品的形态特征属于感性信息,往往很难用语言及数字对其进行直观、准确的评价判断,因此常常采用在市场调研领域的常用方法——坐标分析法来对产品的形态进行感性的分析,坐标分析法是把一对表达涵义相反的形容词分散到坐标轴上,比如昂贵与便宜、呆板与仿生、美观与丑陋、柔软与坚硬、现代与传统等等。使用这种方法可以很清晰地展现出重要的市场机会。

采用坐标分析法对所要设计的产品的形态、结构、色彩、肌理等仿生设计的构成要素分别进行研究,不但使设计师直观地了解到产品在市场的占有率及其发展方向和趋势,而且对家居用品设计进行了精确定位。

我们不仅可以借助坐标分析法对产品进行定位,而且可以借助相关的评价分析对相同种类的代表产品从情感性、实用性、美观性和经济性等多个角度进行对比,这样有助于我们从宏观角度对这类产品的市场进行了解。

另外,针对同一类家居用品,要对其细节进行具体调查分析,比如塑模成型方式、手感舒适度、质地等,设计师可以通过问卷调查来统计此类产品在市场中所占的份额,用以探究消费者的需求情况。

通过多种方法分析研究得到的结果,很大程度上不仅可以帮助设计师对这一类产品的市场方向进行预测,而且可以帮助设计师更好地理解消费者的心理诉求。

(二)以用户为中心——消费者定位及研究

法国著名符号学家皮埃子·杰罗说:"在很多情况下,人们并不是购买具体的物品,而是在寻求潮流、青春和成功的象征。"这句话反映了马斯洛关于人的需求理论中高层次的需求心理。根据对人本主义心理学的研究,马斯洛将人的需求层次总结为五个方面:①生理需求;②安全需求;③归属和爱的需求;④尊重的需求;⑤自我实现的需求(图7-1)。随着社会的发展和物质生活的丰富,人们越来越重视对自我实现的需要,即个性化消费的需求。家居用品设计以其焕然一新的形态、结构、功能等特征在这个几乎完全被"方盒子"同化的时代中发出个性的光芒,通过对消费者的定位及研究,并根据研究分析的结果来寻找用于实现产品功能的形态,通过这一过程设计出的产品定能满足现代多数人对个性化消费的需求。

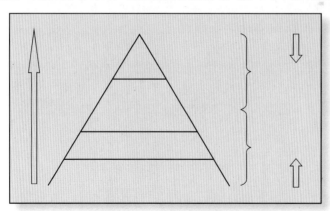

图7-1 马斯洛需求层次

消费者定位是指对产品潜在的消费群体进行定位;对消费对象的定位也是多方面的,比如从年龄上,有儿童、青年、老年;从性别上,有男人、女人;根据消费层次,有高低之分;根据职业,有医生、工人、学生等等。随着现代技术的不断提升,近几十年迅速涌现出大量新产品,要想在众多新产品中占有绝对优势的市场份额,不仅要对产品质量严格把关,而且还要对消费者进行准确的定位,从而来适应现代各种各样的市场发展。在对设计产品的消费者进行准确定位后,设计师可以利用调查问卷、访谈等方法来明确他们对仿生产品的看法。

通过调查结果来分析消费者对产品的喜好、生活习惯和方式等等,并通过运用坐标分析法、图表评估法或其他相关方法来提供产品的形态、色彩、肌理、材质的设计依据。

（三）与环境结合——市场环境调查

1. 经济环境调查

经济环境调查主要是对社会购买力水平、消费者收入状况、支出模式、储蓄和信贷等情况的调查。

2. 技术环境调查

新技术革命的兴起影响着社会生活的方方面面。以电子技术、信息技术、纳米技术、家居用品对象技术为主要特征的新技术革命,不断改造着传统产业,为我们的产品设计提供更大的设计空间。这就要求企业必须密切关注新技术的发展趋势,不断利用新技术来进行新产品的开发与制造。

3. 社会文化环境调查

社会文化环境调查即收集人们在各种文化的冲击下生活方式和思想观念的发展趋势、变化的具体情况,发现和预测未来人们的潜在需求,从而预先开发出具有前瞻性、创新性的产品来适应市场的需求。

调研的结果可以用文字、表格、图表和照片等形式表示,并对调研资料进行分析、研究,找出关键问题,确定开发和设计方向。

在调研的基础上,从不同角度进行比较思考,并利用设计符号学、设计心理学、设计色彩学等原理探索出符合市场趋势及消费者需求的产品概念。

二、根据产品概念确立设计方向

人类的生存和发展过程就是不断在蕴含无穷资源的自然中进行适应和学习。因此要求设计师根据市场需求进行不断的筛选和整理,然后对其进行艺术的加工处理或人为再创造,最终设计并制作出符合产品受众和消费者生理或心理的优秀的家居用品。

图 7 - 2　设计对象确立流程图

确立设计方向的过程是一个无限可逆的过程,根据对市场的调查统计出市场需求,然后根据此需求的特定特征来寻求设计原型,根据确立的一个或多个原型的特征进行产品模型

的建立,最后根据产品的特征与市场的需求来进行验证设计原型的合理性(图7-2)。

　　家具用品设计要根据设计物的目的、功用、使用环境、适用人群等诸多因素来综合考量和选取设计对象。家居用品设计的对象是物,目的却是为人,因而在进行设计的过程中就要解决人类如何合理地生产、制造并使用物品的问题。

三、仿生、情感、趣味设计特征的收集与整理

　　自然界中的形态无一例外都具有多种形态特征,观察者的观察角度不同,视点不同,都会呈现出不同的形态特征,哪怕只是形态的整体和局部,所表现出来的特征也不尽相同。我们不能将如此多的形态特征逐一罗列到家居用品的设计中去。因此,设计师需要对设计对象的特征进行收集、整理,经过取舍之后才可以应用到家居用品设计中。

(一)仿生、情感、趣味对象特征的收集

　　我们需要收集的仿生、情感、趣味对象的特征主要是对设计对象的介绍、特征表述、已经应用在设计中的范例等。收集途径有很多,可以是自身的体验、教科书上的知识、科技教育宣传片,也可以通过网络来进行广泛收集。在家居用品的仿生设计、情感设计、趣味设计过程中我们需要收集对象的特征包括:形态的造型特征、结构特征、功能特征、色彩特征、肌理特征等。

图7-3　以细胞为例的微观仿生对象特征收集

　　图7-3以细胞为例简单列举了其形态、结构、色彩及功能的相关特征,通过这些特征进行发散思维的探索,在下一步对其特征进行整理、抽象、简化后便可将其用于产品的设计开

发中。

（二）仿生、情感、趣味对象特征的整理

对收集到的仿生、情感、趣味形态的特征进行归类总结，具体我们可以用到归纳法、演绎法、列举法、类比法等多种方法。形态的特征包括主要特征和次要特征，主要特征是对仿生、情感、趣味对象的识别或构成起重要作用的特征。因此，在家居用品的设计过程中，能准确清楚地总结归纳出仿生、情感、趣味对象的主要特征，就基本能够保证仿生对象的顺利识别。

在完成这一阶段之后便可进行仿生设计、情感设计、趣味设计的可行性分析，主要包括：

1. 功能性分析

找到研究对象的生物原理，通过对原型的感知，形成对原型的感性认识。从功能出发，对照其进行定性的分析。

2. 外部形态分析

对原型的外部形态分析，可以是抽象的，也可以是具象的。在此过程中重点考虑的是人机工程学、寓意、材料与加工工艺等方面的问题。

3. 色彩分析

进行色彩分析的同时，也要对仿生原型的存在环境进行分析，要研究为什么是这种色彩，在这一环境下这种色彩有什么功能等。

4. 内部结构分析

研究原型的结构形态，在感性认识的基础上，除去无关因素，并加以简化，通过分析，找出其在设计中值得借鉴和利用的地方。

5. 运动规律分析

利用现有的高科技手段，对原型的运动规律进行研究，找出其运动的原理，针对性地解决设计工程中的问题。

四、仿生、情感、趣味设计对象特征的抽象及简化

整理出仿生、情感、趣味对象的特征后并不能直接用于家居用品的设计中，而是要对其特征进行简化或抽象处理。简化与抽象既有相同之处，也存在差异，既可以单独用于仿生形态中，还可以二者并存。

简化主要是指对形态、色彩、结构等物理因素的删减或提取，而抽象更多的是基于人心理上的一种对客观事物本质特征的提炼和反映。然而简化与抽象二者都带有明显的主观性，设计者不同，简化与抽象后的形态也有很大差异。

（一）主要特征的抽象

抽象是从仿生、情感、趣味对象的诸多特征中提炼出最本质、最突出、最能体现仿生对象本身特点的元素，即提取出仿生对象的产品语言。对微观仿生对象主要特征进行抽象处理，使产品设计的材料、结构方式、外形特征和工作状态转化为信息的载体，为人们所认知和理

解,从而传达出产品的精神意义和社会价值。

(二) 次要特征的简化

从本质上来说,整个仿生、情感、趣味设计的过程就是一个对对象逐步简化的过程。即使确定形态和仿生角度从严格意义上来说都属于简化的范畴,这可以使设计者排除更多的干扰因素,专注地进行主要特征的确定和再现。

生物形态的特征大多是由其主要的结构特征来决定的,因此在进行简化的时候首先要对生物整体结构进行分析,提炼出主要结构特征,然后根据主要特征对仿生原型的次要特征进行删减、取舍、忽略等简化处理,最后得到富有秩序性和规则性的产品框架,这就是简化的过程。

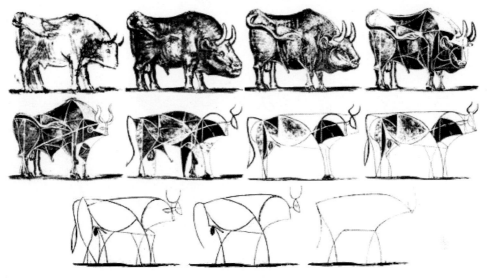

图 7-4 毕加索的公牛图

图 7-4 为毕加索的公牛图,形态由复杂到简练,线条由粗狂到细腻,结构由自然到几何,然而公牛的特征却依然没有变化,这是生物形态抽象与简化的优秀范例。对象次要特征的简化方法与其相同,均为逐步提炼主要特征的过程。一般来说,生物特征的描绘、记录、概括主要表现为二维的影像,在二维平面中表现生物形态的曲直、明暗、虚实和空间特征,以及重复、渐变、对称的结构和均衡、韵律等形式美感;而且,往往根据认知对象的具体特征,用抽象的、几何概念的点、线、面来表达,通过这些方法使仿生原型的特征具备设计的基础语言特征,为产品化的应用创造条件。

五、应用仿生、情感、趣味对象的特征进行设计

将仿生、情感、趣味设计对象的主要特征提取出来之后,便可将其用于我们所要设计的家居用品的构思中。我们所设计的产品的形态、功能或结构中要能够体现出这种原型的主要特征,在此我们也可以运用变形与夸张的设计手法对仿生原型的主要特征进行调整,以令

其能够与设计产品的特征相融合。具体方法可令设计师对前面提取的诸多仿生原型的特征进行归纳整理,将这些特征进行单个演变或多个不定向演变及重组以运用发散思维对产品进行仿生特征的设计。

在进行设计的初级阶段,设计师往往会绘制很多记录设计灵感与设计想法的概念性草图,这些草图主要是其设计思维的过程,并不追求准确性。多个设计师可根据草图进行讨论研究以激发更深一步的灵感。

六、设计的细化及评估

不同设计时期的表达方式也不尽相同,然而不论以何种表现手法,仿生、情感、趣味对象与产品的特征都是最根本的要素。在将对象的特征应用到产品上之后,产品的形态基本已成型,此时,便要求设计师以市场及消费者的角度来考虑设计的细化过程。在此过程中通过设计评估筛选出较为完善的仿生设计方案。

设计细化的过程是对产品的完善阶段,根据需要多次进行对设计方案的评估,对其是否达到预期目标进行评价。根据评估过程,对设计方案进行逐步细化,利用工具绘制效果图及模型图,才能完成产品仿生设计的最终设计方案。

家居用品设计中的材料与工艺研究

一、家居用品设计选材

（一）设计选材的适应性原则

柳冠中先生在《事理学论纲》中提出"设计是以一定的目的、一定的方式来达到与客观条件和内部关系相适应的人为适应性系统。设计的适应性系统的应用原则由系统的内部因素、外部因素和系统的目的三个要素构成。"设计的适应性系统的成功与否，取决于系统内部、外部因素之间相适应的程度。

设计选材的过程，也就是在内部因素与外部因素之间寻找相互适应的过程。首先我们需要了解外部的需求与限定，诸如人的期望、产品的使用环境对产品自身的要求等等，然后对这些要求进行综合考虑，选择合适的内部因素，即合适的材料与工艺。通过多次的选择、比较与匹配，最终达到内部因素与外部因素的统一。例如，当设计师选择一种材料时，他既联想到材质带给人的心理感受，又必须考虑到生产的可行性与成本、环境资源的限制，预测材质带给人的心理感受，内外部因素是有机联系着的。

"适应"是设计活动的起点，"适度"是评价标准，也是设计活动的过程，"适合"是目标，是设计活动完成终止的状态。设计选材的目的并不是寻找"最优解"，而是"适合解"。设计选材的适应性原则是指以材料工艺内部因素和外部因素相适应为起点，以适度为评价标准，最终选择出相对适合的材料与工艺。

（二）家居生活小储物品的设计标准

依据设计选材的适应性原则，在设计选材之前首先我们需要了解外部需求与限定，包括产品的功能需求、安全性、外观需求、市场与经济因素、国家相关政策法规、环境因素等。结合家居生活小储物品的特点，归纳出以下一些外部因素，也即设计标准：

1. 经济

材料通过工艺制作过程才能成为具有一定使用价值的产品。在产品的加工过程中，精湛的工艺技术直接关系到加工效率、产品质量、生产成本等。因此,设计师在设计时应根据该产品的市场价位选择材料,并充分考虑切实可行的工艺条件、工艺方法来进行构思,创造出易加工、成本低、成型效果好的具备市场竞争力的经济型产品。例如塑料的注塑成型技术就具有很好的优点:一次成型可减少工序从而降低成本,并且成型周期短,提高工作效率和经济效益。同种材料用不同的加工方式、表面处理工艺会产生不同的外观效果,从而在针对低端市场时可以选用成本较低的材料做表面加工处理后做出高档材料的感觉。同时,同种材质的不同处理方式还可创造丰富的艺术效果。

家居产品是最贴近生活、易消耗的产品,因此,产品的精美度、价位都直接造成销售曲线的改变,设计的选材合理以及多考虑采用简单工艺加工都将是降低成本的主要途径。

2. 实用

实用性是产品的功能对人们需求的满足,也就是人造此物的目的。它主要是指产品所具有的使用功能,不包括精神功能,即审美功能。因为功能的重心不同,在表现功能时设计手段也有所不同,从而导致有的产品偏向于实用型,有的产品偏向于审美型。

家居用品是解决人与物的关系,物并非主体,主体是人,因而设计始终以人为中心,不仅满足使用功能,而且为了更好实现使用功能,需通过适当的形、色来暗示、提醒人的正确操作,这就是产品语义的重要性——对功能的辅助作用。例如家居生活小储物品,它的主要功能是储物;同时为了使它的储物功能更明确,我们也可以在形态和色彩上加入一些启示,告诉人们如何使用它。

3. 美观

产品的美观性主要是从形态上来衡量的。所谓形,即物体的外形本身的构成关系,而形的构成关系是否能体现某种气质,这就是"态"——神态。形式感强并不意味着有强的"精神势态",由此可见,产品形态并非只是"为形式而形式"的问题,还要在形式中蕴含精神、文化、情感的因素,做到形神兼备,否则就只是没有灵魂的美丽躯壳,而不是真正意义上美观的产品。

形态是设计师的武器,是家居产品传递信息的第一要素。设计师通过创造特定产品形态来解决特定问题并传递他的设计理念,这其中包含两层意思:一是通过物质化的形态达到使用功能的作用;二是表达某种精神层面的东西,引导、反映人们新的生活观念、审美观念、即审美功能的作用。

4. 卫生

卫生问题直接关系到人们的身体健康,所以对于家居生活中的小储物品,一定要能保证储藏在储物品中的物品清洁卫生,特别是供人们食用的物品。例如糖果罐,厨房中使用的调料瓶等。如调料瓶,是通过结构上的密封设计来保证调料的卫生的。旋转错位的瓶盖既保证了粉末的进出,又保证了不使用状态下的密封存储。另外,还有一些物品为了防止变质,也是通过密封保存来保证储物品卫生的,例如生活中常见的茶叶罐。

另外,储物品使用的材料也会影响到卫生问题,甚至直接影响到人的生命安全问题。由于储藏在储物品中的物品具有的化学特性,可能会和储物品本身发生化学反应,从而导致储藏在其中的物品变质。例如,一些药品只能存放在特定材料做成的药瓶中,不能放在其他药瓶中,否则会威胁到人的身体健康。

4. 环保

迄今为止,材料的生产—使用—废弃的过程,是一个将大量的资源从环境中提取,再将大量废弃物排回到环境中去的恶性循环过程。因此,设计的材料选择也日益与人类生存环境的可持续发展联系在一起。设计师在材料的选择上要选择符合产品使用方式的材料,尽量延长产品的使用周期,减少产品的淘汰率。

尽量减少材料对环境的破坏,避免使用有毒有害的材料。材料的使用尽量单纯化,尽可能采用可回收和降解的材料。

二、瓶类家居用品的材料与工艺

(一)瓶类储物品的基本知识

瓶子是口略小于体的容器,是人们生活中接触最频繁的盛具之一,并且在厨房中居多。瓶子通常用于盛装液体物质和粉末状调料。它具有下面这些特性:

(1)瓶子具有密封性,部分情况下也可不密封,不渗透,抗压好。

(2)瓶子的材料多为玻璃和 PET、PVC 塑料,经由吹塑成型。目前较多使用的还有不锈钢、陶瓷和木材等。

(3)瓶子的尺寸须符合人手型的尺寸,以利于单手持握。

(4)油瓶及一些分量较重的瓶子必须考虑防滑等问题。

手的尺寸是设计瓶子的重要依据之一(图 8-1)。一般手张开的最大有效握距为 L1(约 150 mm),最舒适握距为 L2(50～100 mm),超过 L1 瓶子则会因抓力不够而滑落,此时需要两手来把持,但同时也增加了操作的难度。

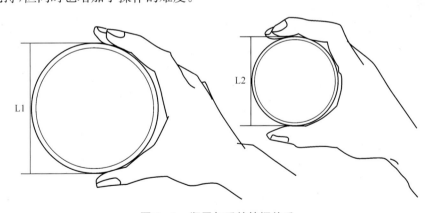

图 8-1　瓶子与手的持握关系

(二)玻璃瓶及其工艺

1. 玻璃瓶的使用情况

玻璃瓶是非常常用的储物容器,主要用于存放各类液体、片状或粉末状的固体。家居生活中由玻璃制作的瓶子非常常见,包括各种酒瓶、牛奶瓶、调味料瓶、药瓶、保温瓶等。玻璃

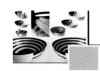

瓶具有清洁卫生、美观、透明、化学稳定性高、不透气、易于密封、保持盛装物品性质不变以及可以多次周转使用、原料来源丰富、价格低廉等一系列优点,成为食品、医药、化学工业广泛采用的包装材料。

在厨房生活中,常见的各种调料品,如料酒、酱油、醋等,它们都是餐饮烹饪中的辅料,不可能像米面一样,一次性消费量巨大。因此,对调味品包装就有了一些特殊的要求,包括反复封合、避光性、稳定性等等。由于玻璃瓶的透明性高、阻隔性好、价格也较低廉,同时可以重复使用,所以一直以来这类液体调味瓶大都采用玻璃瓶进行存放。

但是近年来情况发生了很大变化,玻璃瓶一统天下的格局已被打破,塑胶袋、PET瓶和PE桶相继进入液体调味品市场。PET瓶在规模容量上与玻璃瓶相仿,但较之玻璃瓶更轻便并有更好光泽,有可供反复使用的瓶盖;PE桶一般容量较大,适合消费比较快的场合,重复封合性也非常好;而PE袋则提供了更好的经济性。

2. 玻璃瓶的优点和缺点

(1) 玻璃瓶的优点

玻璃瓶的主要优点是经济实惠、密封性好、避光、形状多样,并具有良好的环保性。因为制造玻璃瓶的原料来源非常丰富,所以玻璃瓶本身的价格并不昂贵。同时玻璃瓶的密封效果比其他材料制作的瓶子效果要更好些。玻璃瓶可循环使用,无污染,比塑料包装环保。与玻璃瓶相比,塑料瓶虽然具有便利、低成本的优势,但是不易降解。并且随着流通领域"禁塑令"的实施,大家环保意识的增强,不易降解的塑料瓶的使用必将越来越受到限制,玻璃瓶的优势会更加凸显出来。

以牛奶的存放为例,最早的液态奶是以瓷瓶、玻璃瓶来进行包装存放的,后来逐渐采用塑料进行包装。进入20世纪90年代之后,液态奶又增加了纸质、金属材质等包装。20世纪90年代末,国内液态奶行业进入高速发展期,跨国包材公司借行业发展机会,迅速将纸质包装在全国范围内推广。液态奶包装发展到今天,主要有玻璃瓶、塑料包装和纸质包装三类。

但是总的来说,在牛奶的存放上,玻璃瓶包装仍然占有主导地位,值得一提的是,以往玻璃瓶上单一的皇冠盖封口形式已经改变。可以说,皇冠盖的不可复封,是玻璃瓶包装的致命弱点。现在很多玻璃瓶在瓶盖方面做了改进,改用了塑胶瓶盖,以方便使用。还有些厂家在皇冠盖封口的玻璃瓶颈挂有一只塑胶盖,这样,皇冠盖打开后可以换上这只塑胶盖反复使用。

另外在调味品领域,小容量的液体调味品如芥末油、辣椒油及某些高档生食酱油等,依然以玻璃瓶包装为主,但已全部采用了塑胶瓶盖,这一市场暂时还没有理想的替代包装出现。

(2) 玻璃瓶的缺点

作为一种空心的玻璃制品,玻璃瓶的主要缺点是机械强度低,在移动过程中容易出现破损现象,所以需要小心使用。同时,由于玻璃自身的比重较大,与塑料瓶相比,盛装单位物品时的玻璃瓶的体量较重,不方便移动和携带。玻璃中含有二氧化硅,容易与碱发生化学反应,所以不能用它储存碱性物品。被打磨过的玻璃瓶,二氧化硅裸露出来,更容易与碱性溶液发生反应,生成具有黏合性的硅酸钠,使瓶塞与玻璃瓶黏合,不易打开。透明的玻璃瓶虽然具有很好的展示效果,但是对于需要避光储存的物品却并不适用。例如茶叶的储存,透光的玻璃瓶会使茶叶中的叶绿素与其他成分发生化学反应,导致茶叶变质。

3. 玻璃瓶的成型工艺

工业革命以前玻璃瓶的成型方法主要是手工成型,到 19 世纪末随着技术的发展进入了半机械化时期,近几十年来又由机械化进展为成型过程的自动化,使玻璃瓶的产量和质量都有了大幅度的提高。下面将介绍如何通过机械吹制的方法来制作玻璃瓶,方法有两种:

(1) 吹-吹法

利用吹-吹法,经过以下几个步骤就可以完成玻璃瓶的制作。

①入料:由滴料式供料机经料滴制作过程供给初型模合适的料滴。料滴经分料机构分料依次经导料系统落入初型模。

②扑气:料滴经漏斗落入初型模,由第 1 次闷头完成扑气,经与芯子、套筒配合完成瓶口成型。

③倒吹气:芯子下降后,让出倒吹气通路,由压缩空气完成初型。

④初型翻转:初型经由初型模翻转到成型模上方。

⑤重热与延伸:在倒吹气结束和正吹气开始之前,初型进行重热并延伸。

⑥正吹气:经吹气头由压缩空气将初型吹制成与成型模相符合的形状。

⑦钳瓶:在成型模打开后,完成将玻璃瓶从成型模取出移至停滞板上方。

⑧瓶子冷却及输送:玻璃瓶在停滞板上方经过冷却,由拨瓶机构移至输送网带。

(2) 压-吹法

压-吹法又分为大口压-吹法和小口压-吹法。利用压-吹法,经过以下几个步骤可以完成玻璃瓶的制作。

①入料:除受料位置异于吹-吹法外,其余工艺过程与吹-吹法相同。

②冲压:玻璃料滴亦经漏斗落入初型模,经冲头冲压使玻璃料滴形成初型。

③初型翻转:与吹-吹法相同。

④重热与延伸:指冲压后到正吹气开始前的过程,其重热原理与吹-吹法相同。

⑤正吹气:除在吹气头的加工方面有所不同,其过程与吹-吹法相同。

⑥钳瓶:与吹-吹法相同。

⑦瓶子冷却及输送:与吹-吹法相同。

(三)塑料瓶及其工艺

1. 塑料瓶的使用情况

时下,各种塑料瓶装饮料受到广大消费者的青睐,因为塑料瓶本身的轻便简洁,以及独特的设计,为不少年轻人爱不释手。据悉,全世界每天要消耗 100 多万个塑料瓶。一般塑料瓶身都有一个标识,表明塑料瓶的组成成分。三个箭头组成的三角形,是"可回收再生利用"的意思,而里面的那些 1～7 的数字表示塑料瓶的材料,可以方便消费者更加科学地使用塑料制品。表 8-1 列出了含有不同数字的可回收再生利用标识。

表 8-1 可回收再利用标识

可回收再生利用标识及其应用	
	聚对苯二甲酸乙二醇酯 一般的矿泉水、碳酸饮料和功能饮料瓶都是用这一材质做的。当温度升高时容易发生变形,有可能会溶出一些对人体有害的物质。
	高密度聚乙烯 这种材料制作的塑料瓶比较耐高温,但不易清洗,容易滋生细菌。
	聚氯乙烯 其中的增塑剂中含有害物质,遇到高温和油脂时容易析出。目前,有不少增塑剂在欧洲已经禁止使用了,我国少用于包装食品的塑料制品。
	低密度聚乙烯 这种塑料耐热性不强,当温度超过 110 ℃时会出现热熔现象。如果用它来存放含有油脂的食物,很容易将其中的有害物质溶解出来。
	聚丙烯 微波炉餐盒采用这种材质制成,耐 130 ℃高温,透明度差,有些餐盒盒体以 PP 制造,盒盖却以 PS(聚苯乙烯)制造,PS 透明度好,但不耐高温,所以不能与盒体一并放进微波炉。
	聚苯乙烯 这是用于制造碗装泡面盒、发泡快餐盒的材质,耐热抗寒,但不能放进微波炉中,应尽量避免用快餐盒打包滚烫的食物。
	其他类 用来制作奶瓶、太空杯的塑料等,应尽量避免用来盛装开水。

塑料瓶的使用量如此之大,同时制造塑料瓶的原材料又是不可再生的,因为它们都是从石油中提取的化学物制造而成的,若在使用后随意丢弃,必然造成巨大的资源浪费,同时也对环境造成较大污染。部分人对塑料瓶比较喜爱,即使是盛过饮料的空瓶也"情有独钟",拿

来盛白酒、醋、酱油等。倘若短时间内(通常不超过 1 周)装一下也未尝不可,若反复使用,将危害人体健康。

用来制作饮料瓶的主要原料是聚丙烯塑料,材质本身是无色、透明的,也是无毒无害的,但有些厂商为了造型设计会添加色料,让瓶身有颜色。此外,还会添加抗光剂、抗氧化剂、安定剂等化学物质,以增加其使用年限。但在储存过程中如果受光、受热,一旦抗光剂、抗氧化剂消耗完毕,PET 便开始分解或与其他物质产生化学反应,PET 里的各种毒物便会释放出来。

用于盛汽水可乐型饮料对人体也无不良影响,但由于塑料瓶含有少量乙烯单体,如果长期贮存酒、醋等脂溶性有机物,则会发生化学反应。长期食用被乙烯污染的食物,会使人出现头晕、头痛、恶心、食欲减退、记忆力下降等现象,严重者还可导致贫血。

此外,用饮料瓶盛白酒、醋等,瓶子会受到氧气、紫外线等作用而老化,释放出更多的乙烯单体,使长期存放于瓶内的白酒、醋等变质变味。因此要安全地喝瓶装饮料,或是重复使用塑料饮料瓶,最简单的方式是在储存过程中避免受光、受热。

2. 塑料瓶的优点和缺点

(1) 塑料瓶的优点

塑料瓶的主要优点是透明、重量轻、携带方便、坚固和容易生产。

由于透明容器能让消费者清楚地看到内容物,因此消费者对透明容器的要求越来越广,而透明聚丙烯 PP 正是满足这一要求的主要材料,PP 透明包装瓶的开发是近几年国内外塑料包装的一个热点。与其他透明塑料树脂相比,PP 是一个质优价廉、极具竞争优势的新品。高透明的聚丙烯容器,具有很好的透明度和光泽度,欣赏性强,颇受欢迎。

透明的 PET 塑料瓶同样也成为如今日化和化妆品厂家争相使用的包装容器。PET 瓶有如下的特点:一是容量范围广,经过拉伸吹塑成型工艺生产的高强度、高透明的塑瓶,常用的容量范围可以从几十毫升到 2 升瓶;二是透明度与光泽度好,有着很好的可塑性、耐冲击性及尺寸稳定性,化学性能稳定,阻气性好;三是触感柔软。

透明的 PET 塑料瓶还很容易被着色,而且经过抗 UV 处理,透明度依旧不变,有逐步取代玻璃瓶的可能。开发各种功能性的塑料容器,如抗紫外线 HDPE 塑料瓶等,用于化妆品、洗涤用品的包装,也是很有发展前景的。注重新材料、新技术的使用和开发,满足不同档次产品的包装和消费者的需求。采用拉伸吹塑工艺制造的 PET 塑料瓶除了具有 PET 树脂所固有的一般优点之外,机械强度和许多物理性能均有明显的改善,从而表现出一系列优异的特性。

①机械强度高

双向拉伸 PET 瓶的机械强度,不仅高于 PVC 容器而且明显地高于直接挤出吹塑法生产的 PET 容器。

②物耗低、重量轻

由于双向拉伸 PET 瓶具有高的机械强度和优良的物理性能,它可以采用较薄的壁厚以降低消耗,从而降低 PET 瓶的成本,提高其经济上的竞争力,同时还有助于降低运输成本。

③耐化学药品性好

主要表现在耐油性、耐有机药品性、耐酸性等方面,此外它有适度的耐碱性。

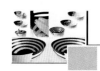

④外观优良

双向拉伸PET瓶的透明性好,雾度低,具有玻璃般的透明性和光泽度。此外,PET的着色性能好,可以制成使用上所需要的各式各样的颜色。

⑤卫生性能好

双向拉伸PET瓶已成为当今世界各国所普遍认可的、可用于包装食品、药物等商品,是一种可靠性高的无毒包装材料。

⑥废弃品易于处理

主要有降解法制取树脂、回收造粒、焚烧回收热能等方法。

(2) 塑料瓶的缺点

各种材质制造的塑料瓶除了具备上述这些优点以外,自身仍然存在一些缺陷,在家居生活中我们需要尽量避免。例如,塑料奶瓶虽然透明、轻便、不容易摔破,因而深受现代父母的喜爱。日本环境厅也曾经推广使用聚碳酸醋代替玻璃,但后来却发现会溶解出一种环境荷尔蒙(化学物质,可能引起内分泌紊乱)的双对酚甲烷,于是停止了推广活动。因为双对酚甲烷有引发乳癌的可能性,最后人们转而使用玻璃瓶来替代这种塑料瓶。下面将分别论述各种材质的塑料瓶的缺点及使用过程中需要注意的事项。

第1类是PET,因为高温或受阳光照射时容易发生形变且溶出对人体有害的物质,使用上需要注意勿受光照及避免置于高温环境中。

第2类是高密度聚乙烯,不易清洗,容易滋生细菌。

第3类是聚氯乙烯,塑料瓶中添加的增塑剂含有害物质,遇到高温和油脂时容易析出。

第4类是低密度聚乙烯,硬度没有高密度聚乙烯高,耐热性不强,当温度超过110 ℃时会出现热熔现象。如果用它来存放含有油脂的食物,很容易将其中的有害物质溶解出来。

第5类是聚丙烯,虽然化学结构较安定,不容易与阳光、空气反应,且表面刮伤也不会释放毒物。但是若在制造过程中加入色料,使其改变颜色,则应尽量避免购买。

第6类是聚苯乙烯,化学稳定性差,可被多种有机溶剂溶解,制造过程会添加许多化学物质以提高稳定性,而这些添加物一不小心就可能被吃进肚子里。

第7类塑料指的是1~6类以外的塑料,其中最有问题的是聚碳酸醋。聚碳酸醋的原料是双酚,最大问题不在制造时添加的化学物质,而是材质本身会释出双酚A,某些高效清洁剂甚至会把PC中的双酚A溶出来,容器表面若有刮伤,双酚A也会溶进饮料里。双酚A为环境荷尔蒙,在动物实验中已发现只要3Ppb(即1公斤的水含3微克)的双酚A,即会使细胞异常。专家表示,目前已知双酚A会使老鼠精子数减少、脑神经受损或摄护腺细胞发生异常;而美国医学会(Ameriean Medieal Assoeiation)最新一份调查发现,尿液中双酚A含量较高者,患心血管疾病或糖尿病的几率比一般人高。

3. 塑料瓶的成型工艺

塑料的成型加工是指由合成树脂制造厂制造的聚合物制成最终塑料制品的过程。加工方法(通常称为塑料的一次加工)包括压塑(模压成型)、挤塑(挤出成型)、注塑(注射成型)、吹塑(中空成型)、压延等。其中用于塑料瓶成型的主要是吹塑法。吹塑法又称中空吹塑或中空成型法。吹塑包括吹塑薄膜及吹塑中空制品两种方法,用吹塑法可生产薄膜制品、各种瓶、桶、壶类容器及儿童玩具等。吹塑成型是先用注射法或挤压法将处于高弹态或勃流态的

塑料挤成管状塑料,挤出的中空管状塑料不经冷却,将热塑料管坯移入中空吹塑模具中并向管内吹入压缩空气,在压缩空气作用下,管坯膨胀并贴附在型腔壁上成型,经过冷却后即可获得薄壁中空制品。图8-2所示是吹塑成型的工艺过程图。

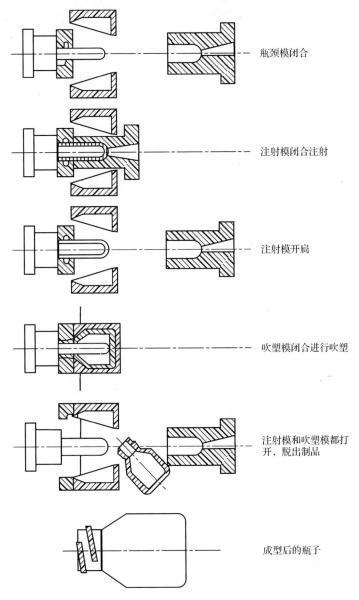

瓶颈模闭合

注射模闭合注射

注射模开启

吹塑模闭合进行吹塑

注射模和吹塑模都打开,脱出制品

成型后的瓶子

图8-2 吹塑成型的工艺过程

PET 双向拉伸吹塑是吹塑法中的一种重要方法,它有多种实用化的工业方法,广泛用来制造 PET 塑料瓶。就型坯的制造方法而论,可分为挤出法与注射法两类。而注射法中,又有一步法(热坯法)和二步法(冷坯法)之分,其对比如表8-2所示。但无论采用哪种成型方法,制造双向拉伸 PET 瓶都需要事先制成型坯,然后再在适当的条件下,进行拉伸吹塑,制得最终的产品。注射拉伸吹塑其型坯是经过注射的方法制得的,尺寸精度比较容易控制,瓶口的密封性比较容易保证。故这种成型方法应用十分广泛,目前 PET 拉伸吹塑基本上均采用注射拉伸吹塑。

表 8－2　热坯法与冷坯法的对比

项目	热坯法	冷坯法
生产运作的特点	注、拉、吹的过程在一部机器上进行,能耗较小,不易控制	制备型坯和拉伸吹塑过程在两部独立的机器上完成,能耗相对高
型坯的运送状况	内部一次完成,不需要在线外运送,减少型坯的污染和损坏	需要不同的设备,各自生产,甚至要外购。存在损坏和污染的情况
设备的维修与投资	设备一次性投资大,维修相对困难	大幅度减少一次性的投资,易于维修

PET 的拉伸吹塑,主要包括型坯注射成型、型坯再加热、拉伸吹塑等三个基本程序。现分别简要介绍如下:

(1) 型坯注射

注射高透明、壁厚均匀性佳的型坯,是制得优良的 PET 拉伸吹塑瓶必不可少的条件。PET 树脂中水分的存在,对于 PET 的成型加工具有很大的危害,因此应事先对制备注射型坯的 PET 物料进行干燥处理。为防止已干燥好的 PET 在注射成型过程中吸收空气中的水蒸气,注射机一般都配用干燥料斗。

PET 树脂的熔点在 260 ℃左右,分解温度在 290 ℃以上,料筒和流道的温度可在 260～290 ℃这一广阔的温度范围内选定。适当地提高料温有利于改善型坯的透明度;但高温注射时,型坯中的乙醛含量有增大的趋势,对此必须予以必要的重视。

(2) 型坯的再加热

二步法注射拉伸吹塑,需将型坯从注射模中取出,使它冷却到室温。一般还需要 24 小时以上的停放,使型坯达到热平衡。在拉伸吹塑前,将瓶坯加热到拉伸吹塑的温度。再加热过程一般在恒温箱中进行。恒温箱采用远红外或者石英加热器加热,也可采用射频加热。瓶坯不需要加热的颈部采用隔热屏加以保护。

比较理想的方式是使型坯在烘箱中移动的同时不断地旋转,以利于均匀地加热。经过再加热的型坯还需要经过“温度调节处理”。其必要性在于刚加热的型坯沿着厚度方向(径向)的温度分布是不均匀的,刚加热以后,型坯的温度分布对于拉伸吹塑的加工是不利的。因此需要一个温度调节处理过程。所谓“温度调节处理”,就是使加热完了的型坯的外壁与冷空气接触,得到调节冷却。温度调节处理的时间因加热历程不同而异,一般在 10 余秒至半分钟左右,最后得到温度约为 100 ℃且温度分布比较平缓的再加热型坯。

(3) 拉伸吹塑

拉伸吹塑可先行拉伸后再吹塑,也可同时进行拉伸与吹塑。拉伸吹塑采用的压缩空气的压力较普通吹塑的压力要大,一般在 2MPa 以上。PET 的拉伸吹塑通常在纵向的拉伸倍率小,横向的拉伸(吹瓶)倍率较大。大的拉伸倍率有利于提高 PET 的物理机械性能,但是过高的拉伸倍率则可能导致内部出现细微的裂纹,呈现外观泛白的现象,同时引起强度的下降。在生产中以控制横向拉伸倍率不超过 5,纵向拉伸倍率不超过 2.5 为宜。

PET 在拉伸吹塑过程中,加热温度范围窄,温度过高或过低均会使瓶身出现混浊。因

此,在瓶坯加热过程中,瓶坯整体温差要小,要均匀,加热温度要控制准确,最好采用远红外加热,因为它具有穿透性,拉伸速度要快,只有在玻璃化温度以上偏低温(约95度)下使瓶坯迅速拉伸定向,才能提高制品瓶的拉伸强度和冲击强度。另外,吹塑用的压缩气必须预处理,除去其中的水分和油分,以免在瓶内壁上留下麻点,影响透明性或卫生。

(四)陶瓷瓶及其工艺

1. 陶瓷瓶的使用情况

中国陶瓷以其历史悠久,内容丰富,民族艺术特色浓郁,技艺精湛而著称于世,它是中国优秀文化遗产的重要组成部分。中国发明瓷器对人类文明进步也是一个很大的贡献,因此被世界人民誉为瓷器之国。而白酒也是中国极具民族特色的酒之一,同样有着悠久的历史和深厚的文化底蕴。

陶瓷材料的运用和陶瓷容器产品在我国有着上千年的历史,许许多多的产品用陶瓷材料来做包装,特别是用在包装容器商品中。它具有抗氧化、耐酸、耐久、不含任何毒素、质地自然结实的特点,是其他材料所不能代替和媲美的。用这种材料作永久文化载体与当代商品结合起来,包装商品传递文化,提升包装商品价值。用不可替代价值来替代不能降解环境废料。

2. 陶瓷瓶的优点和缺点

(1)陶瓷瓶的优点

陶瓷是把黏土原料、痔性原料及熔剂原料经过适当的配比、粉碎、成型并在高温焙烧情况下经过一系列的物理化学反应后形成的坚硬物质。

陶瓷瓶有施釉与不施釉之分。施釉陶瓷表面的釉是性质极像玻璃的物质,它不仅起着装饰作用,而且可以提高陶瓷的机械强度、表面硬度和抗化学侵蚀等性能,同时由于釉是光滑的玻璃物质,气孔极少,便于清洗污垢,给使用带来方便。未施釉的陶瓷为陶瓷坯体。坯体是由经过高温焙烧后生成的晶相、玻璃相、原料中未参加反应的石英和气孔组成。晶相物质能够提高陶瓷制品的物理及化学性能。玻璃相物质填充在晶相物质周围使之成为一个连贯的整体,提高陶瓷的整体性能,玻璃相能够提高陶瓷的透光性,使断面细腻。没有参加反应的石英称游离石英,坯体中含有一定量的游离石英能使坯体和它表面的一层釉之间性能更接近,结合性更好。

从以上材料中我们可以分析得到,制造陶瓷的原材料无毒、无味,满足作为生活用具的基本要求;陶瓷具有一定的透气性,在陈酿过程中,对酒有很好的催陈效果;陶瓷的渗透性小,密封性好,耐腐蚀性强,它还能避免酒的挥发和化学反应;同时陶瓷导热比较慢的特性,可以保持适当的酒温,可使白酒长期储存不变质。同时上釉陶瓷还有造型典雅、釉面光滑、便于拭洗等优点。这些特点充分说明以陶瓷为酒瓶材质是非常可行的。

陶瓷包装容器在酒类和化妆品中得以广泛应用,陶瓷材料包装容器具有晶莹剔透的质感、优美的造型、绚丽的色彩、尊贵的品质,在商品海洋中显得格外璀璨夺目。采用陶瓷材料做包装商品,大部分具有浓厚的文化内涵与历史根源,如中国茅台酒、汾酒、泸州老窖等等。这些白酒有着几十到几百年的历史,以及造酒的乡土文化和地域典故文化。除此之外,还与陶瓷材料包装造型是分不开的,高雅尊贵的陶瓷装饰,是赢得广大消费者信赖的因素之一。

（2）陶瓷瓶的缺点

作为一种传统材料，陶瓷瓶虽然有其自身的优点，并在中国得到广泛的应用。但是当今时代，在资源过度开采、污染过大、自然生态失调的状况下，环保绿色、可循环、再利用、减量用和可代用等是当代设计师的责任。有众多的包装材料可回收、可循环使用、可再生利用，而陶瓷容器包装材料是不可降解也不具有上述优势，而产品用后的包装物"留之无用，扔之可惜"，因而需要进行二次开发。另外，长期以来，高档日用陶瓷为了获得美观的效果，大多数陶瓷都有施釉的工序。由于釉烧温度低，国内高档瓷生产厂家一直使用含铅的熔块釉对陶瓷进行装饰。含铅釉具有良好的高温流动性、很高的光泽度和平滑度、较宽的烧成范围、良好的坯釉适应性。而且，铅釉产品的色彩丰富、艳丽。但是，采用含铅釉料的生产工艺，给陶瓷产品带来了铅溶出问题。铅是可在人体和动植物组织中蓄积的有毒金属，其主要毒性效应是导致贫血、神经机能失调和肾损伤等。铅溶出不利于人们的身体健康，此问题越来越引起人们的高度重视。

3. 陶瓷瓶的成型工艺

陶瓷产品的生产过程是从投入原料开始，一直到把陶瓷产品生产出来为止的全过程。它是劳动者利用一定的劳动工具，按照一定的方法和步骤，直接或间接地作用于劳动对象，使之成为具有使用价值的陶瓷产品的过程。在陶瓷生产过程的一些工序中，如陶瓷坯料的陈腐、坯件的自然干燥过程等，还需要借助自然力的作用，使劳动对象发生物理的或化学的变化，这时，生产过程就是劳动过程和自然过程的结合。一般来说，陶瓷生产过程包括坯料制备、成型、坯体干燥、烧结和后续加工几个步骤（图8-3）。

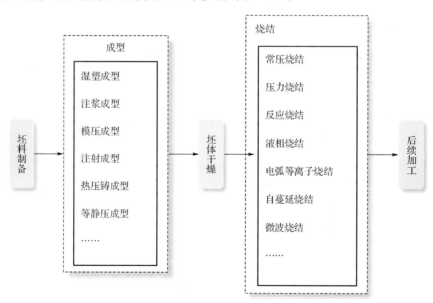

图8-3 陶瓷生产的工艺流程

（1）坯料制备

①配料

制作陶瓷制品，首先要按瓷料的组成，将所需各种原料进行称量配料，它是陶瓷工艺中最基本的一环。称料务必精确，因为配料中某些组分加入量的微小误差也会影响到陶瓷材

料的结构和性能。

②混合制备坯料

配料后应根据不同的成型方法,混合制备成不同形式的坯料,如用于注浆成型的水悬浮液,用于热压注成型的热塑性料浆,用于挤压、注射、轧膜和流延成型的含有机塑化剂的塑化料等。坯料混合一般采用球磨或搅拌等机械混合法。

(2)成型

成型是将坯料制成具有一定形状和规格的坯体。成型技术与方法对陶瓷制品的性能具有重要意义,由于陶瓷制品品种繁多,性能要求、形状规格、大小厚薄不一,产量不同,所用坯料性能各异,因此可以采用多种不同的成型方法。

陶瓷瓶的成型方法大致分为湿塑成型、注浆成型、模压成型、注射成型、热压铸成型、等静压成型、塑性成型、带式成型等。

①湿塑成型

定义:在外力作用下,使可塑坯料发生塑性变形而制成坯体的方法,包括刀压、滚压、挤压和手捏等。这是最传统的陶瓷成型工艺,在日用陶瓷和工艺瓷中应用最多。

②注浆成型

定义:将陶瓷悬浮料浆注入石膏模或多孔质模型内,借助模型的吸水能力将料浆中的水吸出,从而在模型内形成坯体。

特点:工艺简单,但劳动强度大,不易实现自动化,且坯体烧结后的密度较小,强度较差,收缩、变形较大,所得制品的外观尺寸精度较低。

③模压成型

定义:也叫干压成型,是将造粒工序制备的团粒松散装入模具内,在压机柱塞施加的外压力作用下,团粒产生移动、变形、粉碎而逐渐靠拢,所含气体同时被挤压排出,形成较致密的具有一定形状、尺寸的压坯,然后卸模脱出坯体的过程。

特点:操作方便,生产周期短,效率高,易于实现自动化生产,适宜大批量生产形状简单(圆截面形、薄片状等)、尺寸较小的制品。

④注射成型

定义:将陶瓷粉和有机豁结剂混合后,加热混炼并制成粒状粉料,经注射成型机,在130~300℃温度下注射到金属模腔内,冷却后豁结剂固化成型,脱模取出坯体。

特点:适于形状复杂、壁薄、带侧孔制品的大批量生产,坯体密度均匀,烧结体精度高,且工艺简单、成本低;但生产周期长,金属模具设计困难,费用昂贵。

⑤热压铸成型

定义:利用蜡类材料热熔冷固的特点,将配料混合后的陶瓷细粉与熔化的蜡料豁结剂加热搅拌成具有流动性与热塑性的蜡浆,在热压注机中用压缩空气将热熔蜡浆注满金属模空腔,蜡浆在模腔内冷凝形成坯体,再进行脱模取件。

特点:用于批量生产外形复杂、表面质量好、尺寸精度高的中小型制品,且设备较简单,操作方便,模具磨损小,生产效率高;但坯体密度较低,烧结收缩较大,易变形,不宜制造壁薄、大而长的制品,且工序较繁,耗能大,生产周期长。

⑥等静压成型

定义：利用液体或气体介质均匀传递压力的性能，把陶瓷粒状粉料置于有弹性的软模中，使其受到液体或气体介质传递的均衡压力而被压实成型的一种新型压制成型方法。

特点：坯体密度高且均匀，烧结收缩小，不易变形，制品强度高、质量好，适于形状复杂、较大且细长制品的制造；但等静压成型设备成本高。

（3）坯体干燥

成型后的各种坯体，一般含有水分，为提高成型后的坯体强度和致密度，需要进行干燥，以除去部分水分，同时坯体也失去可塑性。干燥的目的在于提高生坯的强度，便于检查、修复、搬运、施釉和烧制。

（4）烧结

烧结是对成型坯体进行低于熔点的高温加热，使其内的粉体间产生颗粒黏结，经过物质迁移导致致密化和高强度的过程。只有经过烧结，成型坯体才能成为坚硬的具有某种显微结构的陶瓷制品（多晶烧结体），烧结对陶瓷制品的显微组织结构及性能有着直接的影响。

（5）后续加工

陶瓷瓶经成型、烧结后，其表面状态、尺寸偏差、使用要求等的不同，需要进行一系列的后续加工处理。常见的处理方法主要有表面施釉、加工、表面金属化与封接等。

（五）实例分析

1. 婴儿奶瓶

婴儿奶瓶主要由两部分组成：瓶身和奶嘴。目前常见的婴儿奶瓶都是采用的玻璃和塑料材质。奶嘴头上孔的大小和形状决定了流量大小，通常奶嘴分为：慢流量（小圆孔）、中流量（中圆孔）、大流量（大圆孔、十字孔等）。如所示分别为塑料制作的奶瓶和玻璃制作的奶瓶，对它们的材料与特性分析如下（表8－3）。

表8－3 塑料奶瓶与玻璃奶瓶的比较

特性	材质比较	说明
耐热性	玻璃＞塑料（PES＝PC＞PP）	越耐热越不容易变形
刻度的抗磨损程度	玻璃＞塑料（PES＞PC＞PP）	刻度磨损严重的产品，会导致使用者不能很好地掌握哺乳量
易清洁性	玻璃＝塑料（PES）＞塑料（PC＞PP）	内壁光滑的产品，容易清洗
强度	玻璃＜塑料	强度越大，越不容易摔破
比重	玻璃＞塑料	产品材料比重大，不易携带
透明度	玻璃＝PC＞PES＞PP	材料越透明，越容易看清产品的清洁情况

2. 花瓶

（1）冰山花瓶与寒烟翠花瓶

设计师琳·伍聪运用不同的材质，在其作品中融入东方禅风与柔性概念，传达出直接、不矫饰的美学特征。冰山花瓶采用透明玻璃材质制作而成（图8－4），形成一种晶莹剔透、简

约的效果,摆放在桌上就像冰山飘在海平面上,不论是否插花都很好看。而 Smoke 花瓶(图 8-5)则是利用双层制作技术,使内层为白色玻璃,外层为一灰色玻璃,让花瓶灰里透白,营造出烟翠的感觉,呈现典雅的高贵气质,称为寒烟翠花瓶。同一造型的花瓶采用不同的材质,营造出不同的风格,从而迎合不同人的口味。

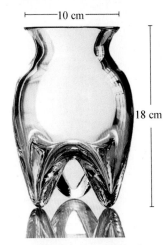

图 8-4 冰山花瓶

图 8-5 寒烟翠花瓶

(2)湖泊花瓶

阿尔托在 1936 年以芬兰著名湖泊为设计理念,创作出一款"芬兰传奇湖泊花瓶"玻璃系列,成为代表芬兰的经典作品之一。这款拥有高度美感及抽象感的特殊不规则造型,已申请著作权专利(图 8-6)。在材质上,Aalto 湖泊花瓶采用 iittala 最著名的玻璃成型技术,不管在硬度或是透光度都和水晶玻璃不相上下,但是它却没有一般水晶玻璃所含的"铅"成分,不伤身也无害于地球,相当具有环保意识。

图8-6　芬兰湖花瓶

除了当成花瓶花器，也可以用来装面包、水果、色拉、零食，甚至是当做鱼缸都不成问题，各种大小不同的造型，分别采用回异的厚度处理，以增加本体强度，让您发挥更多创意，使您的生活充满情调与乐趣。

工艺流程 1　用湿纸将玻璃塑成圆筒形状

工艺流程 2　从吹管均匀地向玻璃吹气

工艺流程 3　在热管上压出锥形，
方便进模

工艺流程 4　将玻璃放入模具，再次吹气

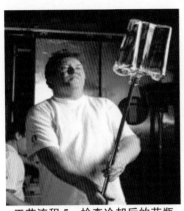

工艺流程5　检查冷却后的花瓶
形状是否正常

工艺流程6　切割并回火,使玻璃的切割边软化

3. 油醋瓶

生活中,由于油和醋总是搭配在一起使用的,所以设计师往往将他们组合在一起,形成一个特殊的容器,方便人们使用。油醋瓶都是组合在一起的,不同的是它们使用的材质不一样,一个是玻璃,另外一个是陶瓷(图8-8、图8-9)。

玻璃化学性质稳定,不会与醋发生化学反应,且不透气,不会产生漏油现象。用玻璃瓶储存油和醋,不仅清洁卫生、美观、透明,并且易于密封,保持盛装物品性质不变,可以多次周转使用。主要缺点是机械强度低、易破损和盛装单位物品的重量大。

陶瓷的化学性质也非常稳定,耐酸碱盐,所以可以被用来储存醋,但用陶瓷储存油会出现一定程度的漏油现象。它的缺点与玻璃相似,机械强度低、易破损和盛装单位物品的重量大。

工艺流程7　手工修边,确保切
割线圆滑、美观
图8-7　花瓶的工艺流程

图8-8　玻璃油醋瓶

图8-9　陶瓷油醋瓶

主要参考文献

[1] 郑建启,刘杰成.设计材料工艺学[M].北京:高等教育出版社,2007

[2] 何人可.工业设计史.北京:高等教育出版社,2001

[3] 刘观庆,彭韧.工业设计资料集:厨房用品·日常用品.北京:中国建筑工业出版社,2007

[4] 张乃仁.设计词典.北京:北京理工大学出版社,2002

[5] 孙汝亭.心理学.南宁:广西人民出版社,1982

[6] 朱毅.设计创造时尚,时尚引领设计[D].无锡:江南大学,2008

[7] 李希加.家居生活小储物品设计中的材料与工艺研究[D].武汉:武汉理工大学,2009

[8] 杨裕国.玻璃制品及模具设计.北京:化学工业出版社,2003

[9] 张成忠.简析设计中的复古.包装工程,2007(9)

[10] 尹定邦.图形与意义.长沙:湖南科学技术出版社,2003

[11] 文静子.基于时尚意义的家居用品设计理念研究[D].长沙:湖南大学,2012

后 记

　　本书在编写的过程中得到了河南工业大学李文库副教授的关心和支持,本书的出版,又在东南大学出版社胡中正编辑及同仁的热心与督促下完成,在此表示诚挚的感谢!

　　本书在成书的过程中,参考了较多工业设计方面的新鲜知识,并运用了大量生活家居用品创意设计图片,部分图片来源于网络,参考的图片版权归其作者所有,在此也致以诚挚的感谢!

　　本书由马宁(河南工业大学设计艺术学院)编写。